基于线性正则变换的光学信号与系统分析

赵 辉 宋代平 张天骐 著

电子工业出版社
Publishing House of Electronics Industry
北京·BEIJING

内 容 简 介

本书主要阐述基于线性正则变换的光学信号与系统分析。全书共9章，内容包括线性正则变换基础理论、线性正则变换域带限信号采样理论、连续线性正则变换域带限信号外推、离散线性正则变换域带限信号外推、基于含噪声样本的线性正则变换域带限信号重构、广义 4f 光学系统及其本征问题、广义 4f 光学系统分析、基于广义扁长椭球波函数的光学信号分析、时域和线性正则变换域最大能量聚集序列。本书内容是对作者多年来研究成果的提炼和总结，可为高等院校和科研院所信号与信息处理、通信与信息系统、光学工程等专业的研究生和相关领域的教学科研人员提供参考。

未经许可，不得以任何方式复制或抄袭本书之部分或全部内容。
版权所有，侵权必究。

图书在版编目（CIP）数据

基于线性正则变换的光学信号与系统分析 / 赵辉，宋代平，张天骐著. —北京：电子工业出版社，2020.4
ISBN 978-7-121-38058-7

Ⅰ. ①基… Ⅱ. ①赵… ②宋… ③张… Ⅲ. ①光学信号处理—研究 Ⅳ. ①TN911.74

中国版本图书馆 CIP 数据核字（2019）第 268637 号

责任编辑：李　冰
文字编辑：冯　琦
印　　刷：北京盛通商印快线网络科技有限公司
装　　订：北京盛通商印快线网络科技有限公司
出版发行：电子工业出版社
　　　　　北京市海淀区万寿路 173 信箱　　邮编：100036
开　　本：720×1 000　1/16　印张：12.75　字数：143 千字
版　　次：2020 年 4 月第 1 版
印　　次：2022 年 4 月第 3 次印刷
定　　价：68.00 元

凡所购买电子工业出版社图书有缺损问题，请向购买书店调换。若书店售缺，请与本社发行部联系，联系及邮购电话：(010) 88254888，88258888。

质量投诉请发邮件至 zlts@phei.com.cn，盗版侵权举报请发邮件至 dbqq@phei.com.cn。

本书咨询联系方式：fengq@phei.com.cn。

前 言

近年来，经典分数傅里叶变换和线性正则变换理论及应用研究逐渐成为信息光学的一个热点研究方向。经典分数傅里叶变换在数学上拓宽了傅里叶变换的概念，同时能够在光学中很好地描述光由原始光场经过菲涅尔衍射区一直到无穷远的夫琅禾费衍射区的衍射传播全过程；线性正则变换作为许多信号处理算子和光学算子的广义形式，能够很好地描述一阶光学系统对输入光场的作用。经典分数傅里叶变换和线性正则变换的光学引入使得人们可以用一个新的观点去审视光的传播、成像、信息处理等问题，并提供了新的工具去处理这些问题。借助经典分数傅里叶变换和线性正则变换的概念，我们可以在任意分数域和线性正则变换域进行光学信息处理，解决傅里叶变换难以处理的问题。

$4f$ 光学系统是由透镜和自由空间实现一次傅里叶变换，并紧接着再实现一次傅里叶变换的系统（根据傅里叶变换的特殊性质，这个过程其实相当于实现一次傅里叶逆变换），它是一种最经典的光学信息处理系统。由于变换透镜的前后焦面存在准确的傅里叶变换关系，使用 $4f$ 光学系统分析起来十分方便，因此其在光学信息处理中得到了广泛应用。然而，随着经典分数傅里叶变换和线性正则变换在光学信息处理中研究的不断深入，人们

常常用到的不再是 $4f$ 光学系统，而是实现一次经典分数傅里叶变换（线性正则变换），并紧接着再实现一次逆经典分数傅里叶变换（逆线性正则变换）的系统，即广义 $4f$ 光学系统。广义 $4f$ 光学系统的研究分析对光学信息处理的进一步发展具有重要的理论与实际意义。

同时，在以经典分数傅里叶变换和线性正则变换为工具进行光学信息处理的过程中，光学系统尺度的局限性使得线性正则变换域带限信号无处不在。由于任何实际的检测与记录系统都是采样系统，且任何系统的信息处理容量都是有限的，因此，如何根据所能获取的有限信息尽可能近似地恢复原线性正则变换域带限光学信号，以及如何处理与其相关的时频分析问题一直是人们所关心的研究方向。

作者多年来一直从事线性正则变换理论和应用方向的研究工作，尤其在基于线性正则变换的光学信号与系统分析方面展开了深入研究，并取得了一系列研究成果。为了使读者可以系统、深入地了解线性正则变换基础理论和光学应用，作者对自己的研究成果进行了整理和提炼，并形成了本书，旨在为相关领域的研究生和教学科研人员提供参考。

重庆邮电大学通信与信息工程学院在读研究生徐先明、王薇、王天龙、方禄发、黄橙、莫谨荣、李志伟、刘衍舟、孙振江在本书的写作过程中承担了部分具体工作，作者在此向他们表示感谢。另外，感谢国家自然科学基金项目（编号 61671095）的部分资助。

由于作者水平有限，书中难免出现漏误，恳请专家、同行和读者予以指正。

赵 辉

2019 年 3 月

目 录

第1章 绪论 ··· 1
  1.1 线性正则变换 ··· 1
  1.2 4f 光学系统 ·· 12
  1.3 线性正则变换域带限信号 ·· 17
      1.3.1 连续线性正则变换域带限信号 ································· 17
      1.3.2 离散线性正则变换域带限信号 ································· 18
  参考文献 ··· 19

第2章 线性正则变换域带限信号采样理论 ································· 33
  2.1 基于再生核的线性正则变换域带限信号采样理论 ················· 33
  2.2 线性正则变换域带限信号非均匀采样定理 ························ 39
  2.3 仿真分析 ·· 42
  参考文献 ··· 50

第3章 连续线性正则变换域带限信号外推 ································· 53
  3.1 理论基础 ·· 53
      3.1.1 希尔伯特空间和算子理论 ······································ 53
      3.1.2 第一类 Fredholm 积分方程 ···································· 55

3.2 基于连续区间段的外推算法 ··· 56
    3.2.1 外推问题 ··· 56
    3.2.2 外推算法1 ··· 57
    3.2.3 外推算法2 ··· 61
3.3 基于有限样本的外推算法 ··· 67
    3.3.1 外推问题 ··· 67
    3.3.2 外推算法 ··· 67
参考文献 ·· 70

第4章 离散线性正则变换域带限信号外推

4.1 外推问题 ·· 73
4.2 外推算法1 ··· 75
4.3 外推算法2 ··· 77
4.4 外推算法3 ··· 79
4.5 外推算法4 ··· 82
4.6 外推算法5 ··· 84
参考文献 ·· 89

第5章 基于含噪声样本的线性正则变换域带限信号重构

5.1 确定信号分析 ··· 91
    5.1.1 重构问题 ··· 91
    5.1.2 重构方案 ··· 92
    5.1.3 仿真分析 ··· 97
5.2 随机信号分析 ··· 99
    5.2.1 重构问题 ··· 99
    5.2.2 重构算法 ··· 99
    5.2.3 误差分析 ··· 102
    5.2.4 推论 ··· 103

5.2.5　仿真分析 ·· 105
　参考文献 ··· 107

第6章　广义 4f 光学系统及其本征问题 ······························· 109
6.1　广义 4f 光学系统 ·· 109
6.2　广义 4f 光学系统的本征问题 ··· 111
　　　6.2.1　广义扁长椭球波函数在线性正则变换域带限信号
　　　　　　 空间上的正交基性质 ··· 112
　　　6.2.2　广义扁长椭球波函数在有限区间能量有限信号
　　　　　　 空间上的正交基性质 ··· 118
6.3　广义扁长椭球波函数的数值计算 ··· 122
参考文献 ··· 131

第7章　广义 4f 光学系统分析 ··· 133
7.1　广义 4f 光学系统的描述 ··· 133
7.2　广义 4f 光学系统的空间带宽积 ··· 135
7.3　广义 4f 光学系统的能量保持率 ··· 137
7.4　广义 4f 光学系统的逆问题 ··· 145
参考文献 ··· 147

第8章　基于广义扁长椭球波函数的光学信号分析 ············· 149
8.1　基于广义扁长椭球波函数的采样定理 ··· 149
8.2　基于广义扁长椭球波函数的信号外推 ··· 154
8.3　基于广义扁长椭球波函数的信号重构 ··· 157
参考文献 ··· 175

第9章　时域和线性正则变换域最大能量聚集序列 ············· 177
9.1　标记法 ··· 177
9.2　时限序列在线性正则变换域的最大能量聚集性 ························· 178

- 9.2.1 离散广义扁长椭球波序列（DGPSS） …………………… 178
- 9.2.2 DGPSS v_0 在线性正则变换域的最大能量聚集性 …………… 180

9.3 线性正则变换域带限序列在时域的最大能量聚集性 …………… 185
- 9.3.1 离散广义扁长椭球波函数（DGPSWF） …………………… 185
- 9.3.2 DGPSS 和 DGPSWF 之间的关系 ………………………… 188
- 9.3.3 DGPSS v_0 在时域的最大能量聚集度 …………………… 189
- 9.3.4 仿真分析 …………………………………………………… 190

参考文献 ……………………………………………………………… 193

第 1 章

绪 论

1.1 线性正则变换

线性正则变换又被称为 ABCD 变换(ABCD Transform)[1]、二次相位系统(Quadratic Phase System)[2]、广义菲涅尔变换(Generalized Fresnel Transform)[3]、扩展分数傅里叶变换(Extended Fractional Fourier Transform)[4]、柯林斯公式(Collins Formula)[5],它是傅里叶变换、经典分数傅里叶变换、菲涅尔变换(Fresnel Transform)、尺度算子(Scale Operator)、Chirp 乘积(Chirp Multiplication)、Chirp 卷积(Chirp Convolution)等重要信号处理算子和光学算子的广义形式[6]。

20 世纪 70 年代,Moshinsky 和 Collins 提出了线性正则变换的概念[5,7]。能量有限信号 $f(x)$ 的带有参数 (a,b,c,d) 的线性正则变换,即信号 $f(x)$ 的 (a,b,c,d)

线性正则变换的定义为[1,8,9]

$$L_{(a,b,c,d)}[f(x)](u) = \tilde{f}_{(a,b,c,d)}(u) = \begin{cases} \int_{-\infty}^{\infty} f(x) \mathcal{K}_{(a,b,c,d)}(x,u) \mathrm{d}x, & b \neq 0 \\ d^{1/2} \exp(\mathrm{i}cdu^2/2) f(du), & b = 0 \end{cases} \quad (1\text{-}1)$$

式中，i 是虚数单位，u 是线性正则变换域的频率变量。

变换核函数如下

$$\mathcal{K}_{(a,b,c,d)}(x,u) = \sqrt{\frac{1}{\mathrm{i}2\pi b}} \exp\left(\frac{\mathrm{i}a}{2b}x^2 + \frac{\mathrm{i}d}{2b}u^2 - \frac{\mathrm{i}}{b}xu\right) \quad (1\text{-}2)$$

参数 a、b、c、d 是满足条件 $ad-bc=1$ 的实数。虽然线性正则变换有 a、b、c、d 共 4 个参数，但是由于参数间存在约束条件 $ad-bc=1$，因此实质上线性正则变换只有 3 个自由参数。具有参数 (a,b,c,d) 的线性正则变换的逆变换等于具有参数 $(d,-b,-c,a)$ 的线性正则变换的正变换，即

$$f(x) = \begin{cases} \int_{-\infty}^{\infty} \tilde{f}_{(a,b,c,d)}(u) \mathcal{K}_{(d,-b,-c,a)}(u,x) \mathrm{d}u, & b \neq 0 \\ a^{1/2} \exp(-\mathrm{i}cax^2/2) f(ax), & b = 0 \end{cases} \quad (1\text{-}3)$$

逆变换核函数

$$\mathcal{K}_{(d,-b,-c,a)}(u,x) = \sqrt{\frac{1}{-\mathrm{i}2\pi b}} \exp\left(-\frac{\mathrm{i}a}{2b}x^2 - \frac{\mathrm{i}d}{2b}u^2 + \frac{\mathrm{i}}{b}xu\right) \quad (1\text{-}4)$$

对比式（1-2）和式（1-4）不难发现，线性正则变换的正变换与逆变换的核函数之间满足如下关系

$$\mathcal{K}_{(d,-b,-c,a)}(u,x) = \mathcal{K}_{(a,b,c,d)}^{*}(x,u) \quad (1\text{-}5)$$

需要指出，当 $b=0$ 时，信号的线性正则变换本质上是一个 Chirp 乘积算子，因此，若无特殊说明，本书只讨论 $b \neq 0$ 的情况，且为了方便假设 $b>0$。

线性正则变换有许多重要性质[10-12]。

（1）线性性质：两个信号的线性叠加的线性正则变换等于这两个信号分别做相同线性正则变换后的线性叠加，即对任意两个信号 $f_1(x)$、$f_2(x)$ 和任意两个复常数 d_1、d_2，有

$$L_{(a,b,c,d)}[d_1 f_1(x) + d_2 f_2(x)] = d_1 L_{(a,b,c,d)}[f_1(x)] + d_2 L_{(a,b,c,d)}[f_2(x)] \quad (1\text{-}6)$$

（2）叠加性：对信号 $f(x)$ 先做 (a_1,b_1,c_1,d_1) 线性正则变换，再做 (a_2,b_2,c_2,d_2) 线性正则变换的结果等于对信号 $f(x)$ 做 (a_3,b_3,c_3,d_3) 线性正则变换的结果，即有

$$\tilde{f}_{(a_2,b_2,c_2,d_2)}\{\tilde{f}_{(a_1,b_1,c_1,d_1)}[f(x)]\} = \tilde{f}_{(a_3,b_3,c_3,d_3)}[f(x)] \quad (1\text{-}7)$$

三组参数之间满足如下关系

$$\begin{bmatrix} a_3 & b_3 \\ c_3 & d_3 \end{bmatrix} = \begin{bmatrix} a_2 & b_2 \\ c_2 & d_2 \end{bmatrix} \begin{bmatrix} a_1 & b_1 \\ c_1 & d_1 \end{bmatrix} \quad (1\text{-}8)$$

（3）可逆性：对信号 $f(x)$ 先做 (a,b,c,d) 线性正则变换，再做 $(d,-b,-c,a)$ 线性正则变换，结果等于原信号，即有

$$\tilde{f}_{(d,-b,-c,a)}\{\tilde{f}_{(a,b,c,d)}[f(x)]\} = f(x) \quad (1\text{-}9)$$

（4）酉变换性质：线性正则变换是酉变换，其正、逆变换核函数满足以下关系，即逆变换的核函数是正变换核函数的复共轭

$$K_{(d,-b,-c,a)}(u,x) = K^*_{(a,b,c,d)}(x,u) \quad (1\text{-}10)$$

（5）Parseval 准则和能量守恒性：线性正则变换满足如下 Parseval 恒等式

$$\int_{-\infty}^{\infty} f(x)g^*(x)\mathrm{d}x = \int_{-\infty}^{\infty} \tilde{f}_{(a,b,c,d)}(u)\tilde{g}^*_{(a,b,c,d)}(u)\,\mathrm{d}u \quad (1\text{-}11)$$

特别地，当 $f(x)=g(x)$ 时有式（1-12），即线性正则变换保持能量不变

$$\int_{-\infty}^{\infty}|f(x)|^2 \mathrm{d}x = \int_{-\infty}^{\infty}\left|\tilde{f}_{(a,b,c,d)}(u)\right|^2 \mathrm{d}u \qquad （1-12）$$

若一个光学系统在物平面有一输入信号，则在像平面能得到一个相应的输出信号，输入信号和输出信号的分布都是空间坐标的函数，它们可以是实函数，也可以是复函数。如果所讨论的系统只限于非随机系统，那么对于一个给定的输入信号，必然对应着一个确定的输出信号，输入信号与输出信号的关系可以用一个算子来表示。如果用函数 $f'(x)$ 表示一个系统的输入信号，用 $g(x)$ 表示与之对应的输出信号，那么两个函数可以通过描述系统的算子 o 由下式联系起来

$$g(x) = o[f(x')] \qquad （1-13）$$

对于任何可以表示成相同算子的系统来说，即使它们在结构形式上有很大差别，它们对"外界"的作用也是一样的，故用算子来描述光学系统具有普遍意义。若组成不同共轴球面系统的光学系统都能等效于同一理想光组，则同样的物分布分别通过这些光学系统后得到的像分布都是相同的，即系统对"外界"的作用是一样的。因此可以说系统相当于一种变换算子。

线性正则变换包含许多重要的特殊信号处理算子和光学算子[12]。在旁轴近似条件下，通过焦距为 f 的薄透镜的物理过程在数学上对应于 Chirp 乘积，正值 f 与正透镜对应，负值 f 与负透镜对应。输出 $O(x)$ 与输入 $I(x)$ 的关系可以表示为

$$O(x) = \exp[-i\pi x^2 /(\lambda f)]I(x) \tag{1-14}$$

其中 λ 为光波长。可见，焦距为 f 的薄透镜对输入光场的作用可以用参数为 $(a,b,c,d) = (1,0,k/f,1)$ 的线性正则变换描述，其中 $k = 2\pi/\lambda$。

在菲涅尔近似条件下，长度为 z 的自由空间传播在数学上对应于 Chirp 卷积，正值 z 对应向前传播，负值 z 对应向后传播。输出与输入的关系可以表示为

$$O(u) = \exp(-i\pi/4)\sqrt{\frac{1}{\lambda z}}\int I(x)\exp[i\pi(u-x)^2/(\lambda z)]dx \tag{1-15}$$

可见，长度为 z 的自由空间对输入光场的作用可以用参数为 $(a,b,c,d) = (1, z/k, 0, 1)$ 的线性正则变换描述，其中 $k = 2\pi/\lambda$。

当参数 $(a,b,c,d) = (1/M, 0, 0, M)$ 时，线性正则变换退化为尺度算子，即有

$$\tilde{I}_{(M^{-1},0,0,M)}(x) = \sqrt{1/M}\,I(x/M) \tag{1-16}$$

在光学成像系统中，尺度算子描述理想成像系统对输入光场的作用。式中，M 为尺度因子。

光场通过具有参数 x 的长度为 z 的二次梯度折射率介质的物理过程在数学上对应于经典分数傅里叶变换，正值 z 对应于向前传播，负值 z 对应于向后传播。经典分数傅里叶变换可以看成是线性正则变换在参数 $(a,b,c,d) = (\cos\alpha, \sin\alpha, -\sin\alpha, \cos\alpha)$ 时的特殊情况。在光学成像系统中，经典分数傅里叶变换可以用来描述光由原始光场经过菲涅尔衍射区一直到无穷远的夫琅禾费衍射区的衍射传播全过程。近年来，经典分数傅里叶变

换理论及应用的研究已成为信息光学的热点研究方向。

为了求解量子力学中各种条件下的薛定谔方程，Namias 于 1980 年较系统地提出了经典分数傅里叶变换的数学定义和性质[13]，他基于傅里叶变换的本征函数和本征值，利用本征值的任意次乘方运算给出了一维信号 $f(x)$ 的经典分数傅里叶变换

$$F^\alpha[f(x)](u) = \sum_{n=0}^{\infty} h_n \lambda_n(\alpha) \varphi_n(u) \tag{1-17}$$

$$\lambda_n(\alpha) = \exp(-in\alpha), \quad n = 0,1,2,\cdots \tag{1-18}$$

式中，α 为经典分数傅里叶变换的阶数，α 为实数；$\varphi_n(u)$ 为归一化的 n 阶厄米—高斯函数；h_n 为 $f(x)$ 在标准正交本征函数基 $\varphi_n(x)$ 上的正交投影；$\lambda_n(\alpha)$ 为经典分数傅里叶变换对应于本征函数 φ_n 的本征值。

由经典分数傅里叶变换的定义式（1-17）可知，当分数阶数 $\alpha = \pi/2$ 时，经典分数傅里叶变换将退化为傅里叶变换，故经典分数傅里叶变换拓宽了傅里叶变换的概念。

1987 年，McBride 和 Kerr 从积分变换的角度进一步研究了经典分数傅里叶变换，把变换看作是充分光滑函数构成的向量空间中的算子，建立了经典分数傅里叶变换的完整理论体系[14]，并给出了一维信号 $f(x)$ 积分形式的经典分数傅里叶变换

$$F^\alpha[f(x)](u) = \int_{-\infty}^{\infty} f(x) \mathcal{K}_\alpha(x,u) \mathrm{d}x \tag{1-19}$$

变换核函数

$$\mathcal{K}_\alpha(x,u) = \begin{cases} \sqrt{\dfrac{1-\mathrm{i}\cot\alpha}{2\pi}}\exp\left[\mathrm{i}\dfrac{\cot\alpha}{2}(x^2+u^2)-\mathrm{i}ux\csc\alpha\right], & \alpha \neq n\pi \\ \delta(x-u), & \alpha = 2\pi \\ \delta(x+u), & \alpha + \pi = 2\pi \end{cases} \quad (1\text{-}20)$$

阶数为 α 的经典分数傅里叶变换的逆变换是阶数为 $-\alpha$ 的经典分数傅里叶变换，即

$$f(x) = \int_{-\infty}^{\infty} F^\alpha[f(x)](u)\mathcal{K}_{-\alpha}(x,u)\mathrm{d}u \quad (1\text{-}21)$$

经典分数傅里叶变换积分形式的定义式（1-19）与本征分解形式的定义式（1-17）等价。根据经典分数傅里叶变换积分形式的定义式（1-19）同样可以发现，经典分数傅里叶变换拓宽了傅里叶变换的概念。

1993 年，Mendlovic 和 Ozaktas 把经典分数傅里叶变换引入到了光学领域，并利用光在折射率渐变介质中传播的物理模型诠释了经典分数傅里叶变换[15-17]。几乎与此同时，Lohmann[18]利用傅里叶变换相当于在 Wigner 分布函数相空间中角度为 $\pi/2$ 的旋转这一性质，将图像旋转、Wigner 分布和经典分数傅里叶变换三个概念结合起来阐释经典分数傅里叶变换的物理意义。同时许多学者也研究了经典分数傅里叶变换的光学实现[16-19]，其中比较典型的装置主要有以下几种。

1）Lohmann Ⅰ型（单透镜系统）

经典分数傅里叶变换的 Lohmann Ⅰ型光学实现系统如图 1-1 所示，该系统由一段长度为 z 的自由空间区域与一个焦距为 f 的透镜及一段长度为 z 的自由空间区域组成。

$$z = f_1 \tan\left(\frac{\alpha}{2}\right) \tag{1-22}$$

$$f = f_1 / \sin(\alpha) \tag{1-23}$$

当 z 和 f 满足以上条件时，系统的输出 $O(u)$ 为输入 $I(x)$ 的 α 阶经典分数傅里叶变换

$$O(u) = \int_{-\infty}^{\infty} I(x) \exp\left[\frac{\mathrm{i}\pi\cot\alpha}{\lambda f_1}(u^2 + x^2) - \frac{\mathrm{i}2\pi\csc\alpha}{\lambda f_1}xu\right]\mathrm{d}x \tag{1-24}$$

式中，λ 为光波长；f_1 为标准焦距，当变换系统确定时为常数；α 为经典分数傅里叶变换的阶数。

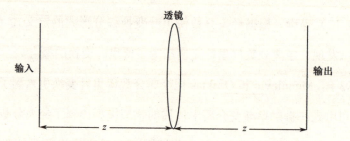

图 1-1　经典分数傅里叶变换的光学实现装置：Lohmann Ⅰ 型

2) Lohmann Ⅱ型（双透镜系统）

经典分数傅里叶变换的 Lohmann Ⅱ 型光学实现系统如图 1-2 所示，由焦距为 f 的透镜和一段长度为 z 的自由空间区域及一个焦距为 f 的透镜组成。

$$f = f_1 / \tan\left(\frac{\alpha}{2}\right) \tag{1-25}$$

$$z = f_1 \sin(\alpha) \tag{1-26}$$

当 z 和 f 满足条件时，系统的输出 $O(u)$ 为输入 $I(x)$ 的 α 阶经典分数傅

里叶变换。

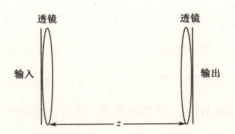

图1-2 经典分数傅里叶变换的光学实现装置：Lohmann Ⅱ型

3）Lohmann 可变标准焦距型

在光学信息处理中常常需要将多个经典分数傅里叶变换级联，经典分数傅里叶变换特殊的尺度性质要求级联的前一级结构的标准焦距与后一级结构的标准焦距相等。对于 Lohmann Ⅰ型和 Lohmann Ⅱ型这两种结构来讲，一旦所使用的透镜和经典分数傅里叶变换的阶数选定后，系统的标准焦距就确定了，这样十分不利于经典分数傅里叶变换的级联。为了解决这一问题，一些可以改变标准焦距的装置被推出和发展起来。经典分数傅里叶变换的 Lohmann 可变标准焦距型光学实现系统如图1-3 所示，可以通过调节 z 来改变标准焦距。

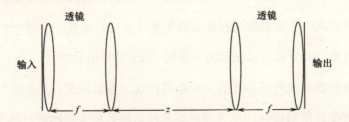

图1-3 经典分数傅里叶变换的光学实现装置：Lohmann 可变标准焦距型

经典分数傅里叶变换的光学实现使其迅速发展成为信息光学中的重要内容并在信号处理和光学领域得到了广泛关注[6,20-23]。1994年3月，Alieva等人将光线传播和经典分数傅里叶变换联系起来，指出可利用经典分数傅里叶变换来研究光线传播问题[24]。1994年6月，Lohmann研究了经典分数傅里叶变换和Radon-Wigner函数的关系，证明了用折射率渐变介质实现的光学经典分数傅里叶变换和用Wigner分布函数相空间旋转定义的光学分数傅里叶变换是完全等价的[25]。这两种物理上定义的经典分数傅里叶变换被证明与早期利用本征分解和积分变换定义的经典分数傅里叶变换之间也是等价的。1994年8月，Agarwal和Sinon把经典分数傅里叶变换同谐振子的格林函数联系起来，推导出了经典分数傅里叶变换同菲涅尔变换的关系，说明了经典分数傅里叶变换能够很好地描述与近场菲涅尔衍射相关的物理过程[26]。同年9月，Finet利用代数方法讨论了经典分数傅里叶变换同菲涅尔衍射的关系，给出了一种基于菲涅尔衍射的经典分数傅里叶变换结构[27]。Lohmann将经典分数傅里叶变换应用于时间信号的变换与分析之中，提出可利用光电调制器和光纤来构造基于经典分数傅里叶变换的光学信息处理系统[28]。同时，Almeida将经典分数傅里叶变换作为信号时频描述的新工具，研究时间—频率表象同经典分数傅里叶变换的关系，指出一个信号的经典分数傅里叶变换可以表示为一系列Chirp信号的叠加[20]。

经典分数傅里叶变换在光学中取得的这一系列成果，尤其是"经典分数傅里叶变换能够很好地描述与近场菲涅尔衍射相关的物理过程"这一结果，给光学信息处理带来了新的活力。从此，越来越多的人开始从事经典分数傅里叶变换理论及其光学应用的研究[29-34]，并在光束传播[35-39]、图像加密[40-45]、信号恢复[46,47]、全息[48,49]、信号分离[50,51]等方面取得了丰硕的成果。而事实上，经典分数傅里叶变换可以看成是线性正则变换在参数 $(a,b,c,d) = (\cos\alpha, \sin\alpha, -\sin\alpha, \cos\alpha)$ 时的特殊情况。

一阶光学系统是一种最常见的光学系统，如图 1-4 所示。系统中包括自由空间、折射和反射二次曲面、梯度折射率介质等。在光学上，线性正则变换能够很好地描述一阶光学系统对输入光场的作用[5,52]。在理想情况下，系统的输出是输入的线性正则变换。

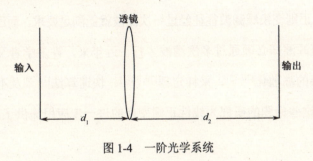

图 1-4　一阶光学系统

根据 Collins 衍射积分公式[5,52]，一阶光学系统的输出 $O(r_2)$ 和输入 $I(r_1)$ 之间的关系为

$$O(r_2) = \frac{\mathrm{i}}{\lambda B} \int_{-\infty}^{\infty} I(r_1) \exp\left[\frac{\mathrm{i}\pi}{\lambda B}(Ar_1^2 + Dr_2^2 - 2r_1 r_2)\right] \mathrm{d}r_1 \quad (1\text{-}27)$$

式中，λ 为光波长；f 为透镜的焦距；d_1 为输入面到透镜的距离；d_2 为输出面到透镜的距离；A、B、C、D 是描述线性正则变换的参数，$A = 1 - d_2/f$，$B = d_1 + d_2 - d_1 d_2/f$，$C = -1/f$，$D = 1 - d_1/f$。

由于线性正则变换可以用来描述一阶光学系统对输入光场的作用，且与具有 0 个自由参数的傅里叶变换和具有 1 个自由参数的经典分数傅里叶变换相比，具有 3 个自由参数的线性正则变换具有更强的灵活性，因此，线性正则变换已经发展成为一种重要的光学信息处理和时频分析工具，并且已经在光束传播[53-55]、光学系统分析[56-59]、滤波器设计[50,60-62]、相位恢复[63,64]、时频分析[65,66]、加密[67-69]、模式识别[6,12]、通信调制及复用[12,65]等领域得到了广泛应用，显示了其强大的信号处理能力和优势。如 1997 年，Barshan 等人在讨论如何利用线性正则变换进行滤波器设计时[60]，就得到了比经典分数傅里叶变换域滤波更好的效果，而且针对同时存在多个线性调频信号干扰的情形，线性正则变换域滤波往往经过一次滤波就能满足要求，而经典分数傅里叶变换域滤波却必须通过多次滤波才行。近年来，许多学者又讨论了线性正则变换的离散化[70-73]、采样定理[70,74,75]、快速算法[76-79]及不确定性原理[80-84]等，这些问题的研究为线性正则变换的进一步应用提供了基本保障。

1.2 4f 光学系统

4f 光学系统是最基本的光学信息处理系统，如图 1-5 所示。图中 L_1 和 L_2 是焦距为 f 的傅里叶变换透镜，P_1 为输入面，P_2 为频谱平面，P_3 为输出面，$(-L, L)$ 为物的分布区域，$(-\sigma, \sigma)$ 为系统的空间频率区域。

方便起见，这里讨论一维系统。若在输入面 P_1 上输入一维分布函数 $f(x')$（$-L \leqslant x' \leqslant L$），则在输出面 P_3 上的输出函数为[85-87]

$$g(x) = \int_{-L}^{L} f(x') \frac{\sin[\sigma(x-x')]}{\pi(x-x')} dx' \qquad (1\text{-}28)$$

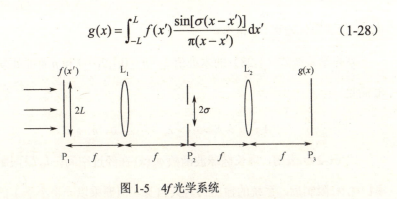

图 1-5 4f 光学系统

4f 光学系统式（1-28）的本征问题研究已有大量成果。

1961 年，Slepian 和 Pollak 从时限和带限算子的角度出发，指出扁长椭球波函数（Prolate Spheroidal Wave Functions，PSWFs）满足第二类型的 Fredholm 积分方程[88]

$$\int_{-L}^{L} \varphi_{n,\sigma,L}(x') \frac{\sin[\sigma(x-x')]}{\pi(x-x')} dx' = \lambda_{n,\sigma,L} \varphi_{n,\sigma,L}(x) \qquad (1\text{-}29)$$

式（1-29）说明扁长椭球波函数是 4f 光学系统式（1-28）的本征函数[85,86]。需要指出，扁长椭球波函数是在旋转椭球坐标系中用分离变量法求解波动方程时遇到的旋转椭球微分方程的解，是数理方程中的一类重要的特殊函数，可以将其定义成微分方程式（1-30）的本征函数。

$$(L^2 - x^2) \frac{d^2 \varphi_{n,\sigma,L}}{dx^2} - 2x \frac{d\varphi_{n,\sigma,L}}{dx} - \sigma^2 x^2 \varphi_{n,\sigma,L} = u_{n,\sigma,L} \varphi_{n,\sigma,L} \qquad (1\text{-}30)$$

积分方程式（1-29）中的 $\varphi_{n,\sigma,L}$ 表示扁长椭球波函数，$\lambda_{n,\sigma,L}$ 为相应的本征值。下标 σ 和 L 表示 $\varphi_{n,\sigma,L}(x)$ 及 $\lambda_{n,\sigma,L}$ 均依赖于参数 σ 和 L。事实上 $\varphi_{n,\sigma,L}(x)$ 和 $\lambda_{n,\sigma,L}$ 均为长球面参量 $C = L\sigma$ 的函数，C 是系统的空间带宽积。在下面的讨论中，当不强调参数 σ 和 L 的作用时，将把标号 $\varphi_{n,\sigma,L}(x)$ 和

$\lambda_{n,\sigma,L}$ 分别简化为 $\varphi_n(x)$ 和 λ_n。

4f 光学系统式（1-28）的本征值 λ_n ($n=0,1,2,\cdots$) 和 n 都是正实数，且 λ_n 满足

$$1 > \lambda_0 > \lambda_1 > \cdots > \lambda_n > \cdots \to 0, \quad n \to \infty \qquad (1\text{-}31)$$

式（1-29）表明，扁长椭球波函数 $\varphi_n(x)$ 在经过空间 $[-L,L]$ 限制和空频率 $[-\sigma,\sigma]$ 限制后，系统的输出仍为其自身，但要乘以一个小于 1 的正实数 λ_n。同时，由于本征值满足条件 $1 > \lambda_0 > \lambda_1 > \cdots > \lambda_n > \cdots$，故零阶扁长椭球波函数 $\varphi_0(x)$ 在 $[-L,L]$ 内的能量 λ_0 最大。因此，零阶扁长椭球波函数 $\varphi_0(x)$ 在经过一个包含空间 $[-L,L]$ 限制和空频率 $[-\sigma,\sigma]$ 限制的系统后，其能量实现了最大限度的集中，能量损失最小。相应地，λ_0 表示 $\varphi_0(x)$ 在该空域上的能量集中度。一般而言，可用 λ_n 来表示扁长椭球波函数 $\varphi_n(x)$ 在相应空域上的能量集中度，用数学公式可表示为

$$\lambda_n = \frac{\int_{-L}^{L} |\varphi_n(x)|^2 \mathrm{d}x}{\int_{-\infty}^{\infty} |\varphi_n(x)|^2 \mathrm{d}x} \qquad (1\text{-}32)$$

Slepian 和 Pollak 指出：零阶扁长椭球波函数 $\varphi_0(x)$ 是所有带限信号中在时域具有最大能量聚集性的信号，且能量聚集度为其相应的本征值 λ_0。这回答了信息论创始人 Shannon 于 1959 年参观贝尔实验室时提出的著名问题：是否存在一类信号，它的频谱限制于有限带宽而同时在时域上又是集中分布的？一个函数的频谱能在多大程度上限制于有限带宽而同时又在时域上是集中分布的？

此外，Slepian 等学者还给出了扁长椭球波函数的一些重要性质[88-90]。

(1) 每一个本征值 λ_n，对应于唯一一个扁长椭球波函数 $\varphi_n(x)$（除常量因子外）。选择适当的常量因子，扁长椭球波函数 $\varphi_n(x)$ 可构成区间 $(-\infty,\infty)$ 上的规范正交集，即

$$\int_{-\infty}^{\infty} \varphi_n(x)\varphi_m(x)\mathrm{d}x = \begin{cases} 1, & n = m \\ 0, & n \neq m \end{cases} \quad (1\text{-}33)$$

且任意 σ 带限信号 $f(x)$ 都可以写成 $\{\varphi_n(x)\}$ 的加权组合形式

$$f(x) = \sum_{n=0}^{\infty} a_n \varphi_n(x) \quad (1\text{-}34)$$

组合系数为

$$a_n = \int_{-\infty}^{\infty} f(x)\varphi_n(x)\mathrm{d}x \quad (1\text{-}35)$$

(2) 扁长椭球波函数 $\{\varphi_n(x)\}$ 可构成能量有限信号空间 $(-L,L)$ 上的一个完全正交集合

$$\int_{-L}^{L} \varphi_n(x)\varphi_m(x)\mathrm{d}x = \begin{cases} \lambda_n, & n = m \\ 0, & n \neq m \end{cases} \quad (1\text{-}36)$$

且任意 $(-L,L)$ 上的能量有限信号 $g(x)$ 都可以写成如下形式

$$g(x) = \sum_{n=0}^{\infty} b_n \varphi_n(x) \quad (1\text{-}37)$$

组合系数为

$$b_n = \frac{1}{\lambda_n} \int_{-L}^{L} g(x)\varphi_n(x)\mathrm{d}x \quad (1\text{-}38)$$

(3) 由于扁长椭球波函数是 σ 带限的，且式（1-39）中的 Sinc 函数 $\sin[\sigma(t-x)]/[\pi(t-x)]$ 是 σ 带限信号空间的再生核函数，故扁长椭球波函数还满足积分方程

$$\varphi(x) = \int_{-\infty}^{\infty} \varphi(t) \frac{\sin[\sigma(t-x)]}{\pi(t-x)} dt \quad (1\text{-}39)$$

(4) 扁长椭球波函数具有如下奇偶特性：当 n 为奇数时，扁长椭球波函数 $\varphi_n(x)$ 为奇函数；当 n 为偶数时，扁长椭球波函数 $\varphi_n(x)$ 为偶函数。即扁长椭球波函数满足等式

$$\varphi_n(x) = (-1)^n \varphi_n(-x) \quad (1\text{-}40)$$

此外，扁长椭球波函数还是有限傅里叶变换的本征函数[91]，即扁长椭球波函数还满足以下积分方程

$$\int_{-L}^{L} \varphi_{n,\sigma,L}(x') \exp(-\mathrm{i}\sigma x x'/L) \mathrm{d}x' = \gamma_{n,\sigma,L} \varphi_{n,\sigma,L}(x) \quad (1\text{-}41)$$

式中，$\varphi_{n,\sigma,L}$ 表示扁长椭球波函数，$\gamma_{n,\sigma,L}$ 为相应的本征值。下标 σ 和 L 说明扁长椭球波函数及其相应本征值均依赖于参数 σ 和 L。

扁长椭球波函数不仅构成 $4f$ 光学系统（或空频受限成像系统）的本征函数，还构成有限傅里叶变换的本征函数，这个特殊性质使得广义扁长椭球波函数在光学信息处理领域具有巨大的应用潜力。1969 年，Francia 利用 Slepian、Pollak 和 Landau 发展的扁长椭球波函数理论创立了光学本征理论，完善地解决了在相干条件下无像差光学系统传递信息量的问题，从而确定了光学信息论在光学领域的地位[86]。此外，扁长椭球波函数的上述重要性质使得其在信号处理和光学领域受到广泛关注[88,90,92,93]，并且已经在采样定理[94]、不确定原理[89,95]、带限信号外推[88]、最佳窗函数和滤波器设计[96,97]、谱分析[98]、数据压缩[99]、模式识别[100]、有限尺寸光学系统分析[101-103]、光学信号的估计和设计[101,104]、成像系统自由度和逆问题[87,105,106]等领域得到了广泛应用。

综上，4f 光学系统本征函数理论及应用问题的研究已取得丰硕成果。然而，随着经典分数傅里叶变换和线性正则变换在光学信息处理中研究的不断深入，人们常常用到的并不是 4f 光学系统，而是实现一次经典分数傅里叶变换（线性正则变换），紧接着再实现一次逆经典分数傅里叶变换（逆线性正则变换）的系统，本文称这类系统为广义 4f 光学系统。遗憾的是，目前仍未见广义 4f 光学系统本征函数理论问题的相关报道。

1.3　线性正则变换域带限信号

在以经典分数傅里叶变换和线性正则变换为工具进行光学信息处理的过程中，光学系统尺度的局限性使得线性正则变换域带限信号无处不在。由于任何实际的检测与记录系统都是采样系统且任何系统的信息处理容量都是有限的，故如何根据所能获取的有限信息尽可能近似地恢复原线性正则变换域带限光学信号，以及如何处理与其相关的时频分析问题一直是人们所关心的研究方向。

1.3.1　连续线性正则变换域带限信号

若存在正数 σ 使得 $f(x)$ 的线性正则变换域频谱只在线性正则变换频率域 u 的一个有限区域 $(-\sigma, \sigma)$ 上不为零，即

$$\tilde{f}_{(a,b,c,d)}(u) = 0, |u| > \sigma \tag{1-42}$$

则称 $f(x)$ 是 (a,b,c,d) 线性正则变换域 σ 带限的，或在不引起混淆的情况下称 $f(x)$ 是线性正则变换域 σ 带限的，如图 1-6 所示。线性正则变换域带限信号有很多，经过一个有限孔径光学系统的信号（线性正则变换域频率受限信号）都可用这种信号描述。

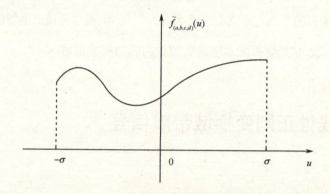

图 1-6 线性正则变换域带限信号

特别地，若存在正数 σ 使得 $f(x)$ 的经典分数傅里叶变换域频谱只在经典分数傅里叶变换频率域 u 的一个有限区域 $(-\sigma,\sigma)$ 上不为零，即

$$F^{\alpha}[f(x)](u) = 0, |u| > \sigma \tag{1-43}$$

则称 $f(x)$ 是 α 阶经典分数傅里叶变换域 σ 带限的。

1.3.2 离散线性正则变换域带限信号

对于任意有限能量离散信号 $f = \cdots, f[-1], f[0], f[1], \cdots$，其 (a,b,c,d) 线性正则变换定义为

$$\mathcal{F}_{(a,b,c,d)}(u) = \sum_{n=-\infty}^{\infty} f[n] \mathcal{K}_{(a,b,c,d)}(n,u) \tag{1-44}$$

f 可以由其 (a,b,c,d) 线性正则变换表示为

$$f[n] = \int_{-\pi b}^{\pi b} \mathcal{F}_{(a,b,c,d)}(u)\overline{K}_{(a,b,c,d)}(n,u)\mathrm{d}u \qquad (1\text{-}45)$$

且有如下的 Parseval 公式成立

$$E = \sum_{n=-\infty}^{\infty} |f[n]|^2 = \int_{-\pi b}^{\pi b} |\mathcal{F}_{(a,b,c,d)}(u)|^2 \,\mathrm{d}u \qquad (1\text{-}46)$$

其中 E 是信号 f 的能量。

若存在正数 σ 使得离散信号 f 的线性正则变换域频谱只在线性正则变换频率域 u 的一个有限区域 $(-\sigma,\sigma)$ 上不为零，则称 f 是 (a,b,c,d) 线性正则变换域 σ 带限的，或在不引起混淆的情况下称 f 是线性正则变换域 σ 带限的。

参考文献

[1] L. M. Bernardo. ABCD Matrix Formalism of Fractional Fourier Optics[J]. Opt. Eng., 1996, 35(3):732-740.

[2] M. J. Bastiaans. Wigner Distribution Function and its Application to First-Order Optics[J]. J. Opt. Soc. Am., 1979, 69:1710-1716.

[3] D. F. V. James, G. S. Agarwal. The Generalized Fresnel Transform and Its Applications to Optics[J]. Opt. Comm., 1996, 126:207-212.

[4] J. Hua, L. Liu, G. Li. Extended Fractional Fourier Transforms[J]. J. Opt. Soc. Am. A, 1997, 14(12):3316-3322.

[5] S. A. Collins. Lens-System Diffraction Integral Written in Terms of Matrix Optics[J]. J. Opt. Soc. Am, 1970, 60:1168-1177.

[6] 陶然, 齐林, 王越. 分数阶 Fourier 变换的原理与应用[M]. 清华大学出版社, 2004:73-75.

[7] M. Moshinsky, C. Quesne. Linear Canonical Transformations and Their Unitary Representations[J]. J. Math. Phys., 1971, 12(8):1772-1783.

[8] K. B. Wolf. Integral Transforms in Science and Engineering in Canonical Transform[M]. New York: Plenum, 1979.

[9] S. Abe, J. T. Sheridan. Optical Operations on Wave Functions as the Abelian Subgroups of the Special Affine Fourier Transformation[J]. Opt. Lett., 1994, 19(22):1801-1803.

[10] T. Alieva, M. J. Bastiaans. Properties of the Linear Canonical Integral Transformation[J]. J. Opt. Soc. Am. A, 2007, 24:3658-3665.

[11] S. C. Pei, J. J. Ding. Eigenfunctions of Linear Canonical Transform[J]. IEEE Trans. Signal Process., 2002, 50(1):11-26.

[12] H. M. Ozaktas, Z. Zalevsky, M. A. Kutay. The Fractional Fourier Transform with Ap-plications in Optics and Signal Processing[M]. New York: Wiley, 2001:93-116.

[13] V. Namias. The Fractional Order Fourier Transform and Its Application to Quantum Mechanics[J]. J. Inst. Math. Appl., 1980, 25:241-265.

[14] C. McBride, F. H. Kerr. On Namias's Fractional Fourier Transforms[J]. IMA J. Appl. Math., 1987, 39:159-175.

[15] H. M. Ozaktas, D. Mendlovic. Fourier Transforms of Fractional Order and Their Optical Interpretation[J]. Opt. Comm., 1993, 101:163-169.

[16] D. Mendlovic, H. M. Ozaktas. Fractional Fourier Transform and Their Optical Implementation-I[J]. J. Opt. Soc. Am. A, 1993, 10(9):1875-1881.

[17] H. M. Ozaktas, D. Mendlovic. Fractional Fourier Transform and Their Optical Implementation-II[J]. J. Opt. Soc. Am. A, 1993, 10(12):2522-2531.

[18] W. Lohmann. Image Rotation, Wigner Rotation, and the Fractional Fourier Transforms[J]. J. Opt. Soc. Am. A, 1993, 10(10):2181-2186.

[19] W. Lohmann. A Fake Zoom Lens for Fractional Fourier Experiments[J]. Opt. Comm., 1995, 115:437-443.

[20] L. B. Almeida. The Fractional Fourier Transform and Time Frequency Representation[J]. IEEE Trans. Signal Process., 1994, 42:3084-3091.

[21] D. Mendlovic, Z. Zalevsky, R. G. Dorsch, et al. New Signal Representation Based on the Fractional Fourier Transform: Definitions[J]. J. Opt. Soc. Am. A, 1995, 11:2424-2431.

[22] R. G. Dorsch, A. W. Lohmann, Y. Bitran, et al. Chirp Filtering in the Fractional Fourier Domain[J]. Appl. Opt., 1994, 33:7599-7602.

[23] M. Shao, C. L. Nikias. Signal Processing with Fractional Lower Order Moment: Stable Processes and Their Applications[J]. Proc. IEEE, 1993,

81:986-1010.

[24] T. Alieva, V. Lopez, F. A. Lopez, et al. The Fractional Fourier Transforms in Optical Propagation Problems[J]. J. Mod. Opt., 1994, 41(5):1037-1044.

[25] A. W. Lohmann, B. H. Soffer. Relationships between the Radon-Wigner and Fractional Fourier Transforms[J]. J. Opt. Soc. Am. A, 1994, 111(61):1798-1801.

[26] G. S. Agarwal, R. Simon. A Simple Realization of Fraction Fourier Transform and Relation to Harmonic Oscillator Green's Function[J]. Opt. Comm., 1994, 110:22-28.

[27] P. P. Finet, G. Bonnet. Fractional Order Fourier Transforms and the Fourier Optics[J]. Opt. Comm., 1994, 111:141-154.

[28] A. W. Lohmann, D. Mendlovic. Fractional Fourier Transforms: Photonic Implementation[J]. Appl. Opt., 1994, 33(32):7661-7664.

[29] A. I. Zayed. A Convolution and Product Theorem for the Fractional Fourier Transform[J]. IEEE Signal Process. Lett., 1998, 5(4):101-103.

[30] 冉启文, 谭立英. 小波分析与分数傅里叶变换及其应用[M]. 国防工业出版社, 2002:239-292.

[31] S. C. Pei, J. J. Ding. Eigenfunctions of the Offset Fourier, Fractional Fourier, and Linear Canonical Transforms[J]. J. Opt. Soc. Am. A, 2003, 20:522-532.

[32] J. J. Healy, J. T. Sheridan. Cases Where the Linear Canonical Transform of a Signal Has Compact Support Or Is Band-Limited[J]. Opt. Lett., 2008, 33(3):228-230.

[33] K. K. Sharma. Approximate Signal Reconstruction Using Nonuniform Samples in Fractional Fourier and Linear Canonical Transform Domains[J]. IEEE Trans. Signal Process., 2009, 57(11):4573-4578.

[34] S. C. Pei, J. J. Ding. Generalized Prolate Spheroidal Wave Functions for Optical Finite Fractional Fourier and Linear Canonical Transforms[J]. J. Opt. Soc. Am. A, 2005, 22(3):460-474.

[35] H. E. Hwang, P. Han. Fractional Fourier Transform Optimization Approach for Analyzing Optical Beam Propagation between Two Spherical Surfaces[J]. Opt. Comm., 2005, 245:11-19.

[36] D. Zhao, H. Mao, H. Liu, et al. Propagation of Hermitecosh-Gaussian Beams in Apertured Fractional Fourier Transforming Systems[J]. Opt. Comm., 2004, 236:225-235.

[37] M. Brunel, S. Coetmellec. Fractional-Order Fourier Formulation of the Propagation of Partially Coherent Light Pulses[J]. Opt. Comm., 2004, 230:1-5.

[38] Y. Cai, Q. Lin. Transformation and Spectrum Properties of Partially Coherent Beams in the Fractional Fourier Transform Plane[J]. J. Opt. Soc. Am. A, 2003, 20(8):1528-1536.

[39] H. M. Ozaktas, D. Mendlovic. Fractional Fourier Optics[J]. J. Opt. Soc. Am. A, 1995, 12(4):743-751.

[40] S. Liu, Q. Mi, B. Zhu. Optical Image Encryption with Multi-Stage and Multi-Channel Fractional Fourier Domain Filtering[J]. Opt. Lett., 2001, 26(15):1242-1244.

[41] B. Hennelly, J. T. Sheridan. Optical Image Encryption by Random Shifting in Fractional Fourier Domains[J]. Opt. Exp., 2003, 28(4):269-271.

[42] N. K. Nishchal, J. Joseph, K. Singh. Fully Phase-Based Encryption Using Fractional Order Fourier Domain Random Phase Encoding: Error Analysis[J]. Opt. Lett., 2004, 43(10):2266-2273.

[43] S. Liu, L. Yu, B. Zhu. Optical Image Encryption by Cascaded Fractional Fourier Transforms with Random Phase Filtering[J]. Opt. Comm., 2001, 187:57-63.

[44] X. Zhou, S. Yuan, S. Wang, et al. Affine Cryptosystem of Double-Random Phase Encryption Based on the Fractional Fourier Transform[J]. Appl. Opt., 2006, 45(33):8434-8439.

[45] B. Zhu, S. Liu. Optical Image Encryption Based on Multi-fractional Fourier Transforms[J]. Opt. Lett., 2000, 25(16):1159-1161.

[46] M. G. Ertosun, H. Ath, H. M. Ozaktas, et al. Complex Signal Recovery from Two Fr-actional Fourier Transform Intensities: Order and Noise Dependence[J]. Opt. Comm., 2005, 244:61-70.

[47] M. G. Ertosun, H. Ath, H. M. Ozaktas, et al. Complex Signal Recovery from Multiple Fractional Fourier-Transform Intensities[J]. Appl. Opt., 2005, 44(23):4902-4908.

[48] Y. Zeng, Y. Guo, F. Gao, et al. Principle and Application of Multiple Fractional Fourier Transform Holography[J]. Opt. Comm., 2003, 215:53-59.

[49] F. Nicolas, S. Coetmellec, M. Brunel, et al. Application of the Fractional Fourier Transformation to Digital Holography Recorded by an Elliptical, Astigmatic Gaussian Beam[J]. J. Opt. Soc. Am. A, 2005, 22(11): 2569-2577.

[50] K. K. Sharma, S. D. Joshi. Signal Separation Using Linear Canonical and Fractional Fourier Transforms[J]. Opt. Comm., 2006, 265:454-460.

[51] M. A. Kutay, H. M. Ozaktas, O. Arikan, et al. Optimal Filtering in Fractional Fourier Domains[J]. IEEE Trans. Signal Process., 1997, 45(5):1129-1143.

[52] L. Z. Cai, X. L. Yang. Collins Formulae in Both Space and Frequency Domains for ABCD Optical Systems with Small Deformations[J]. J. Mod. Opt., 2001, 48(8):1389-1396.

[53] C. L. Zhao, Y. J. Cai. Propagation of a General-Type Beam Through a Truncated Fractional Fourier Transform Optical System[J]. J. Opt. Soc. Am. A, 2010, 27(3):637-647.

[54] G. Q. Zhou. Fractional Fourier Transform of Ince-Gaussian Beams[J]. J. Opt. Soc. Am. A, 2009, 26(12):2586-2591.

[55] B. Tang, M. H. Xu. Fractional Fourier Transform for Beams Generated by Gaussian Mirror Resonator[J]. J. Mod. Opt., 2009, 56(11):1276-1282.

[56] B. M. Hennelly, D. P. Kelly, R. F. Patten, et al. Metrology and the Linear Canonical Transform[J]. J. Mod. Opt., 2006, 53:2167-2186.

[57] D. P. Kelly, J. E. Ward, B. M. Hennelly, et al. Paraxial Speckle-Based Metrology Systems with an Aperture[J]. J. Opt. Soc. Am. A, 2006, 23:2861-2870.

[58] R. F. Patten, B. M. Hennelly, D. P. Kelly, et al. Speckle Photography: Mixed Domain Fractional Fourier Motion Detection[J]. Opt. Lett., 2006, 31:32-34.

[59] J. E. Ward, D. P. Kelly, J. T. Sheridan. Three dimensional Speckle Size in Generalized Optical Systems with Limiting Apertures[J]. J. Opt. Soc. Am. A, 2009,26:1858-1867.

[60] B. Barshan, M. A. Kutay, H. M. Ozaktas. Optimal Filtering with Linear Canonical Transformations[J]. Opt. Comm., 1997, 135:32-36.

[61] L. Durak, S. Aldirmaz. Adaptive Fractional Fourier Domain Filtering[J]. Signal Process., 2010, 90(4):1188-1196.

[62] D. Y. Wei, Q.W. Ran, L. Y. Tan, et al. A Convolution and Product Theorem for the Linear Canonical Transform[J]. IEEE Signal Process. Lett., 2009, 16(10):853-856.

[63] U. Gopinathan, G. Situ, T. J. Naughton, et al. Noninterferometric Phase Retrieval Using a Fractional Fourier System[J]. J. Opt. Soc. Am. A, 2008, 25:108-115.

[64] M. J. Bastiaans, K. B. Wolf. Phase Reconstruction from Intensity Measurements in One-Parameter Canonicaltransform Systems[C]//in Proceedings of Seventh International Symposium on Signal Processing and Its Applications, Vol. 1, IEEE. 2003:589-592.

[65] S. C. Pei, J. J. Ding. Relationship between Fractional Operators and Time-Frequency Distributions, and Their Applications[J]. IEEE Trans. Signal Process.,2001, 49(8):1638-1655.

[66] Y. X. Fu, L. Q. Li. Generalized Analytic Signal Associated with Linear Canonical Transform[J]. Opt. Comm., 2008, 281(6):1468-1472.

[67] B. M. Hennelly, J. T. Sheridan. Image Encryption and the Fractional Fourier Transform[J]. Optik, 2003, 114:251-265.

[68] A. Nelleri, J. Joseph, K. Singh. Digital Fresnel Field Encryption for Three-Dimensional Information Security[J]. Opt. Eng., 2007, 46:045801 (8 pages).

[69] J. P. Ma, Z. J. Liu, Z. Y. Guo, et al. Double-Image Sharing Encryption Based on Associated Fractional Fourier Transform and Gyrator Transform[J]. Chinese Opt. Lett., 2010, 8(3):290-292.

[70] J. J. Healy, J. T. Sheridan. Sampling and Discretization of the Linear Canonical Trans-form[J]. Signal Process., 2009, 89(4):641-648.

[71] H. M. O. F. S. Oktem. Exact Relation between Continuous and Discrete Linear Canonical Transforms[J]. IEEE Signal Process. Lett., 2009, 16(8): 727-730.

[72] A. Koc, H. M. Ozaktas, C. Candan, et al. Digital Computation of Linear Canonical Transforms[J]. IEEE Trans. Signal Process., 2008, 56(6): 2383-2394.

[73] A. Stern. Why Is the Linear Canonical Transform So Little Known?[C]//in Proceedings of 5th International Workshop on Information Optics, G. Cristóbal, B. Javidi, and S. Vallmitjana, eds. Springer, 2006:225-234.

[74] J. J. Healy, B. M. Hennelly, J. T. Sheridan. An Additional Sampling Criterion for the Linear Canonical Transform[J]. Opt. Lett., 2008, 33: 2599-2601.

[75] Y. L. Liu, K. L. Kou, L. T. Ho. New Sampling Formulae for Non-Bandlimited Signals Associated with Linear Canonical Transform and Nonlinear Fourier Atoms[J]. Signal Process., 2010, 90(3):933-945.

[76] B. M. Hennelly, J. T. Sheridan. Generalizing, Optimizing, and Inventing Numerical Algorithms for the Fractional Fourier, Fresnel, and Linear Canonical Transforms[J]. J. Opt. Soc. Am. A, 2005, 22(5):917-927.

[77] B. M. Hennelly, J. T. Sheridan. Fast Numerical Algorithm for the Linear Canonical Transform[J]. J. Opt. Soc. Am. A, 2005, 22(5):928-937.

[78] J. J. Healy, J. T. Sheridan. Reevaluation of the Direct Method of Calculating Fresnel and Other Linear Canonical Transforms[J]. Opt., 2010, 35(7):947-949.

[79] J. J. Healy, J. T. Sheridan. Fast Linear Canonical Transforms[J]. J. Opt. Soc. Am. A, 2010, 27(1):21-30.

[80] K. K. Sharma, S. D. Joshi. Uncertainty Principle for Real Signals in the Linear Canonical Transform Domains[J]. IEEE Trans. Signal Process., 2008, 56(7):2677-2683.

[81] J. Zhao, R. Tao, Y. L. Li, et al. Uncertainty Principles for Linear Canonical Transform[J]. IEEE Trans. Signal Process., 2009, 57(7):2856-2858.

[82] A. Stern. Uncertainty Principles in Linear Canonical Transform Domains and some of Their Implications in Optics[J]. J. Opt. Soc. Am. A, 2008, 25(3):647-652.

[83] K. K. Sharma. New Inequalities for Signal Spreads in Linear Canonical Transform Domains[J]. Signal Process., 2010, 90(3):880-884.

[84] X. Guanlei, W. Xiaotong, X. Xiaogang. Three Uncertainty Relations for Real Signals Associated with Linear Canonical Transform[J]. IET Signal Process., 2009, 3(1):85-92.

[85] 陶纯堪, 陶纯匡. 光学信息论[M]. 北京: 科学出版社, 1995:133-135.

[86] G. T. di Francia. Degrees of Freedom of an Image[J]. J. Opt. Soc. Am., 1969, 59:799-803.

[87] E. R. Pike, J. G. McWhirter, M. Bertero, et al. Generalized Information Theory for Inverse Problem in Signal Processing[J]. Proc. IEEE, 1984, 131(6):660-667.

[88] D. Slepian, H. O. Pollak. Prolate Spheroidal Wave Functions, Fourier Analysis and Uncertainty-I[J]. Bell Syst. Tech. J., 1961, 40:43-63.

[89] H. J. Landau, H. O. Pollak. Prolate Spheroidal Wave Functions, Fourier Analysis and Uncertainty-II[J]. Bell Syst. Tech. J., 1961, 40:65-84.

[90] H. J. Landau, H. O. Pollak. Prolate Spheroidal Wave Functions, Fourier Analysis and Uncertainty-III[J]. Bell Syst. Tech. J., 1962, 41:1295-1336.

[91] A. I. Zayed. A Generalization of the Prolate Spheroidal Wave Functions[J]. Proceedings of The American Mathematical Society, 2007, 135(7): 2193-2203.

[92] D. Slepian. Prolate Spheroidal Wave Functions, Fourier Analysis and Uncertainty-IV: Extensions to many Dimensions; Generalized Prolate Spheroidal Functions[J]. Bell Syst. Techn. J., 1962, 43:3009-3057.

[93] H. J. Landau, H. O. Pollack. The Eigenvalue Distribution of Time and Frequency Limiting[J]. J. Math. Phys., 1980, 77:469-481.

[94] G. G. Walter, X. A. Shen. Sampling with Prolate Spheroidal Wave Functions[J]. Sampling Theory in Signal and Image Processing, 2003, 2(1):25-52.

[95] D. Slepian. On Bandwidth[J]. Proc. IEEE, 1976, 64(3):292-300.

[96] D. W. Tufts, J. T. Francis. Designing Digital Filters-Comparison of Methods and Criteria[J]. IEEE Trans. Audio Electroacoust, 1970, AU-18:487-494.

[97] A. Papoulis, M. S. Bertran. Digital Filtering and Prolate Functions[J]. IEEE Trans. Circuit Theory, 1972, CT-19:674-681.

[98] D. J. Thomson. Spectrum Estimation and Harmonic Analysis[J]. Proc. IEEE, 1982, 70:1055-1096.

[99] R.Wilson, H. Knutsson, G. H. Graniund. Anisotropic Nonstationary Image Estimation and its Applications: Part II-Predictive Image Coding[J]. IEEE Trans. Comm., 1983, COM-31:398-406.

[100] C. L. Rino. The Application of Prolate Spheroidal Wave Functions to the Detection and Estimation of Band-Limited Signals[J]. Proc. IEEE, 1970:248-249.

[101] B. R. Frieden. Evaluation, Design and Extrapolation Methods for Optical Signals, Based on Use of the Prolate Functions[M]. North-Holland, Amsterdam: in Progress in Optics, vol. IX, E. Wolf, ed., 1971:311-407.

[102] D. Slepian. Some Asymptotic Expansions for Prolate Spheroidal Wave Functions[J]. J. Math. Phys., 1965, 44:99-140.

[103] R. H. Pettit. Signal Representation by Prolate Spheroidal Wave Functions[J]. IEEE Trans. Aerospace and Electronic Systems, 1965, AES-1(1):39-42.

[104] X. G. Xia, M. Z. Nashed. A Method with Error Estimates for Band-Limited Signal Extrapolation from Inaccurate Data[J]. Inverse Problems, 1997, 13:1641-1661.

[105] M. Bendinelli, A. Consortini, L. Ronchi, et al. Degrees of Freedom, and Eigenfunctions, for the Noisy Image[J]. J. Opt. Soc. Am., 1974, 64(11):1498-1502.

[106] C. K. Rushforth, R. W. Harris. Restoration, Resolution, and Noise[J]. J. Opt. Soc. Am., 1968, 58(4):539-545.

第 2 章

线性正则变换域带限信号采样理论

2.1 基于再生核的线性正则变换域带限信号采样理论

  光学手段与计算机结合可以更加有效地进行信息处理。如利用计算机可以制作复杂物体的全息图，还可以设计实现给定光学变换所需全息透镜的振幅与相位分布等[1-4]。在计算机技术高速发展的今天，人们往往不是用连续的方式描述一个函数 $f(x,y)$，而是用该函数在 xy 平面内取得的采样值阵列来描述它。其基本原因在于：①任何实际的检测与记录系统都是采样系统；②任何计算机的信息处理容量都是有限的。只要所采用的离散抽样阵列值能准确地描述这个连续函数，那么这种描述方式就是可行的。因而如何抽取离散阵列值至关重要，它需要以采样定理作为理论依据。

近年来，随着线性正则变换在信号处理领域和光学中的广泛应用，线性正则变换域带限信号的采样理论研究引起了国内外学者的广泛关注[5-7]。然而，这些工作的本质大多是将线性正则变换域带限信号的采样与重构问题转化为传统带限信号的相应问题后，再利用带限信号的已有结果来解决。但这样会掩盖线性正则变换域带限信号乃至整个信号空间的许多重要性质，如插值函数的正交性、完全性及再生核性等，而这些性质在信号的采样与重构分析中起着非常重要的作用。本节将从信号空间再生核函数和基函数的角度出发，深入研究线性正则变换域带限信号的采样理论。

在有限能量傅里叶变换意义下，带限信号全体构成一个再生核 Hilbert 空间，每一个带限信号的采样值可以由再生核函数进行估计，再生核函数的基本性质可以用于详细地研究带限信号。然而，在信号处理及一阶光学系统分析里，信号经常由其在线性正则变换域的某些性质所表征。本节将指出线性正则变换域带限信号全体也构成一个再生核 Hilbert 空间，并利用再生核函数的特殊性质研究线性正则变换域带限信号的采样重构问题。

令 H 是定义在集合 X 上的函数空间，则 H 是一个 Hilbert 空间，内积记为 $\langle \cdot, \cdot \rangle$。如果存在定义在 $X \times X$ 上的函数 $g(x,y)$，使得 $g(x,y) \in H$，$y \in X$，且 $f(y) = \langle f(\cdot), g(\cdot, y) \rangle$，$f \in H$，则称 $g(x,y)$ 是空间 H 的再生核函数，称 H 是一个再生核 Hilbert 空间[8]。

定理 1：线性正则变换域 σ 带限信号全体 $H_{(a,b,c,d)}^{\sigma}$ 构成一个再生核 Hilbert 空间，其再生核函数为

$$G_{(a,b,c,d)}(t,x) = \frac{\sigma}{\pi b} \exp\left[\frac{ia}{2b}(x^2 - t^2)\right] \frac{\sin[\sigma(t-x)/b]}{\sigma(t-x)/b] \quad (2-1)$$

证明：令

$$G_{(a,b,c,d)}(t,x) = \int_{-\sigma}^{\sigma} \mathcal{K}_{(d,-b,-c,a)}(u,t)\mathcal{K}_{(a,b,c,d)}(x,u)\mathrm{d}u \qquad (2\text{-}2)$$

将式（1-2）和式（1-4）带入式（2-2），并计算整理得

$$\begin{aligned}G_{(a,b,c,d)}(t,x) &= \frac{1}{2\pi b}\exp\left[\frac{\mathrm{i}a}{2b}(x^2-t^2)\right]\int_{-\sigma}^{\sigma}\exp\left[\frac{\mathrm{i}u}{b}(t-x)\right]\mathrm{d}u \\ &= \frac{\sigma}{\pi b}\exp\left[\frac{\mathrm{i}a}{2b}(x^2-t^2)\right]\frac{\sin[\sigma(t-x)/b]}{\sigma(t-x)/b}\end{aligned} \qquad (2\text{-}3)$$

显然，$G_{(a,b,c,d)}(t,x)$ 的 (a,b,c,d) 线性正则变换 $\tilde{G}_{(a,b,c,d)}(u,x)$ 为

$$\tilde{G}_{(a,b,c,d)}(u,x) = \begin{cases}\mathcal{K}_{(a,b,c,d)}(x,u), & |u|\leqslant\sigma \\ 0, & \text{其他}\end{cases} \qquad (2\text{-}4)$$

故 $G_{(a,b,c,d)}(t,x)$ 是 (a,b,c,d) 线性正则变换域 σ 带限的。而且，对于任意 (a,b,c,d) 线性正则变换域 σ 带限信号 $f(t)$，由线性正则变换的 Parseval 恒等式（1-11）和逆变换公式（1-3），有

$$\begin{aligned}\langle f(t), G_{(a,b,c,d)}(t,x)\rangle &= \langle \tilde{f}_{(a,b,c,d)}(u)\tilde{G}_{(a,b,c,d)}(u,x)\rangle \\ &= \int_{-\sigma}^{\sigma} \tilde{f}_{(a,b,c,d)}(t,x)\mathcal{K}_{(a,b,c,d)}^{*}(x,u)\mathrm{d}u\end{aligned} \qquad (2\text{-}5)$$

再由线性正则变换与其逆变换的核函数之间的关系式（1-5），有

$$\langle f(t), G_{(a,b,c,d)}(t,x)\rangle = \int_{-\sigma}^{\sigma}\tilde{f}_{(a,b,c,d)}(u)\mathcal{K}_{(d,-b,-c,a)}(u,x)\mathrm{d}u = f(x) \qquad (2\text{-}6)$$

因此，$G_{(a,b,c,d)}(t,x)$ 是线性正则变换域 σ 带限信号空间 $H_{(a,b,c,d)}^{\sigma}$ 的再生核函数，而 $H_{(a,b,c,d)}^{\sigma}$ 是一个再生核 Hilbert 空间。

特别地，当参数 $(a,b,c,d)=(\cos\alpha,\sin\alpha,-\sin\alpha,\cos\alpha)$ 时，由 α 阶经典分数傅里叶变换域 σ 带限信号空间 H_{α}^{σ} 构成一个再生核 Hilbert 空间，其再生核

函数为

$$G_{(a,b,c,d)}(t,x) = \frac{\sigma \csc\alpha}{\pi} \exp\left[\frac{\mathrm{i}\cot\alpha}{2}(x^2 - t^2)\right] \frac{\sin[\sigma\csc\alpha(t-x)]}{\sigma\csc\alpha(t-x)} \quad (2\text{-}7)$$

当参数 $(a,b,c,d) = (0,1,-1,0)$ 时，由 σ 带限信号空间构成一个再生核 Hilbert 空间，其再生核函数为

$$G_{(0,1,-1,0)}(t,x) = \frac{\sin[\sigma(t-x)]}{\pi(t-x)} \quad (2\text{-}8)$$

再生核 Hilbert 空间在统计信号处理、时间级数分析、探测、估计和模式识别等领域有广泛应用。基于定理 1，这些应用可以被推广到线性正则变换域。下面将利用再生核函数的性质来研究线性正则变换域带限信号的采样问题，给出线性正则变换域带限信号空间 $H_{(a,b,c,d)}^{\sigma}$ 的一组正交采样基，并得到线性正则变换域带限信号的均匀采样定理及插值函数的正交性、完全性、再生核性和采样基性等。

定理 2：下面序列构成线性正则变换域 σ 带限信号空间 $H_{(a,b,c,d)}^{\sigma}$ 的一组正交采样基，其中 $x_n = n\pi b/\sigma$。

$$\left\{\frac{\pi b}{\sigma} G_{(a,b,c,d)}(x,x_n) = \exp\left[\frac{\mathrm{i}a}{2b}(x_n^2 - x^2)\right] \frac{\sin[\sigma(x-x_n)/b]}{\sigma(x-x_n)/b}\right\} \quad (2\text{-}9)$$

证明：定义酉变换

$$f(x) \mapsto Lf(x) = \mathcal{F}\left\{b^{\frac{1}{2}}\exp\left(\frac{\mathrm{i}ab}{2}x^2\right)f(bx)\right\} \quad (2\text{-}10)$$

变换 L 将线性正则变换域 σ 带限信号空间 $H_{(a,b,c,d)}^{\sigma}$ 映射到同构空间 $\mathcal{F}H_{(0,1,-1,0)}^{\sigma}$，这里 $\mathcal{F}$ 表示傅里叶变换。L 的逆变换 L^{-1} 可求得如下

$$L^{-1}f(x) = b^{\frac{1}{2}}\exp\left(-\frac{\mathrm{i}a}{2b}x^2\right)\mathcal{F}^{-1}f\left(\frac{x}{b}\right) \quad (2\text{-}11)$$

第 2 章 线性正则变换域带限信号采样理论

方便起见，令

$$h(x,n) = \frac{\sin[\sigma(x - n\pi/\sigma)]}{\sigma(x - n\pi/\sigma)} \quad (2\text{-}12)$$

由文献[9]可知，$\{h(x,n)\}$ 构成 σ 带限信号空间 H^σ 的一组正交基。由变换 L 和傅里叶变换的酉变换性质可得式（2-13）构成 (a,b,c,d) 线性正则变换域 σ 带限信号空间 $H^\sigma_{(a,b,c,d)}$ 的一组正交基。

$$L^{-1}\{\mathcal{F}h(x,n)\} = \left\{ b^{-\frac{1}{2}} \exp\left(-\frac{\mathrm{i}a}{2b}x^2\right) \frac{\sin[\sigma(x - x_n)/b]}{\sigma(x - x_n)/b} \right\} \quad (2\text{-}13)$$

故 $(\pi b/\sigma)\{G_{(a,b,c,d)}(x,x_n)\}$ 构成空间 $H^\sigma_{(a,b,c,d)}$ 的一组正交基。因此任意 (a,b,c,d) 线性正则变换域 σ 带限信号 $f(x)$ 可以由基函数 $(\pi b/\sigma)$ $\{G_{(a,b,c,d)}(x,x_n)\}$ 线性表出

$$f(x) = \sum_n a_n \frac{\pi b}{\sigma} G_{(a,b,c,d)}(x,x_n) \quad (2\text{-}14)$$

上式两边同时乘以 $G^*_{(a,b,c,d)}(x,x_m)$ 后，在 $(-\infty,\infty)$ 上积分可得

$$\int_{-\infty}^{\infty} f(x) G^*_{(a,b,c,d)}(x,x_m)\,\mathrm{d}x = \sum_n a_n \frac{\pi b}{\sigma} \int_{-\infty}^{\infty} G_{(a,b,c,d)}(x,x_n) G^*_{(a,b,c,d)}(x,x_m)\,\mathrm{d}x \quad (2\text{-}15)$$

由 $G_{(a,b,c,d)}(t,x)$ 的再生核性质可得，上式左端为

$$\int_{-\infty}^{\infty} f(x) G^*_{(a,b,c,d)}(x,x_m)\,\mathrm{d}x = \langle f(x), G_{(a,b,c,d)}(x,x_m) \rangle = f(x_m) \quad (2\text{-}16)$$

又由线性正则变换的酉变换性质可计算得

$$\int_{-\infty}^{\infty} G_{(a,b,c,d)}(x,x_n) G^*_{(a,b,c,d)}(x,x_m)\,\mathrm{d}x = \langle \tilde{G}_{(a,b,c,d)}(u,x_n), \tilde{G}_{(a,b,c,d)}(u,x_m) \rangle$$
$$= G_{(a,b,c,d)}(x_m,x_n) \quad (2\text{-}17)$$
$$= \frac{\sigma}{\pi b} \delta_{n,m}$$

由此得到展开系数 $a_n = f(x_n)$，即信号 $f(x)$ 在基 $(\pi b/\sigma)\{G_{(a,b,c,d)}(x,x_n)\}$ 下的表示恰好是其在等间隔离散点集 $\{x_n\}$ 上的取值，所以 $(\pi b/\sigma)\{G_{(a,b,c,d)}(x,x_n)\}$ 是一组正交采样基。

线性正则变换域 σ 带限信号 $f(x)$ 在正交采样基 $(\pi b/\sigma)\{G_{(a,b,c,d)}(x,x_n)\}$ 下的展开式（2-14）与邓兵和李炳照等在文献[10]和文献[11]中给出的线性正则变换域带限信号的采样公式是一致的。这里需要指出的是，邓兵等学者的分析实质上将线性正则变换域带限信号转化为了传统带限信号，然后再应用 Shannon 采样定理。这一过程简洁直接、容易理解。但是，正是这种直接性掩盖了线性正则变换域带限信号乃至整个信号空间的许多重要性质，如插值函数所具有的正交性、完全性、再生核性及采样基性等，这些性质对于研究信号的采样重构问题来说非常重要。而从本节给出的再生核理论分析中很容易能得到插值函数的上述性质，是因为本节给出的正交采样基函数 $(\pi b/\sigma)\{G_{(a,b,c,d)}(x,x_n)\}$ 正是采样公式（2-14）中的插值函数。

特别地，当参数 $(a,b,c,d) = (\cos\alpha, \sin\alpha, -\sin\alpha, \cos\alpha)$ 时，由序列构成 α 阶经典分数傅里叶变换域 σ 带限信号空间的一组正交采样基，其中 $x_n = n\pi\sin\alpha/\sigma$。

$$\left\{\frac{\pi}{\sigma\csc\alpha}G_{(a,b,c,d)}(x,x_n) = \exp\left[\frac{\mathrm{i}\cot\alpha}{2}(x_n^2 - x^2)\right]\frac{\sin[\sigma\csc\alpha(x-x_n)]}{\sigma\csc\alpha(x-x_n)}\right\} \quad (2\text{-}18)$$

当参数 $(a,b,c,d) = (0,1,-1,0)$ 时，由序列构成傅里叶变换域 σ 带限信号空间的一组正交采样基，其中 $x_n = n\pi/\sigma$。Higgins 在文献[12]中的定理即为定理 2 的特殊情况。

第 2 章 线性正则变换域带限信号采样理论

$$\left\{\frac{\pi}{\sigma}G_{(0,1,-1,0)}(x,x_n) = \frac{\sin[\sigma(x-x_n)]}{\sigma(x-x_n)}\right\} \qquad (2\text{-}19)$$

2.2 线性正则变换域带限信号非均匀采样定理

上节给出了线性正则变换域带限信号空间 $H_{(a,b,c,d)}^{\sigma}$ 的一组正交采样基，且作为应用给出了线性正则变换域带限信号的均匀采样定理。然而，在实际工程应用中，经常会用到的往往是信号的非均匀采样重构。本节讨论线性正则变换域带限信号的非均匀采样重构问题。首先给出线性正则变换域带限信号空间的两组双正交基，然后从基函数展开的角度给出线性正则变换域带限信号的非均匀采样定理，并借助计算机仿真模拟结果验证所给采样定理的正确性和有效性。

定理 3：设信号 $f(x)$ 是 (a,b,c,d) 线性正则变换域 σ 带限的，则非均匀采样公式成立

$$f(x) = \exp\left(-\frac{\mathrm{i}a}{2b}x^2\right)\sum_n \exp\left(\frac{\mathrm{i}a}{2b}t_n^2\right)f(t_n)p\left(\frac{x}{b},x_n\right) \qquad (2\text{-}20)$$

式中

$$p(x,x_n) = \frac{q(\sigma x/\pi)}{q'(x_n)(\sigma x/\pi - x_n)} \qquad (2\text{-}21)$$

$$q(x) = (x-x_0)\prod_{n=1}^{\infty}(1-x/x_n)(1-x/x_{-n}) \qquad (2\text{-}22)$$

其中，$t_n = x_n \pi b/\sigma$，且 x_n 满足条件

$$|x_n - n| \leqslant C < \frac{1}{4}, \quad n = 0, \pm 1, \pm 2, \cdots \tag{2-23}$$

证明：首先给出证明过程中将用到的一个知识点。

令 H 是一个带有内积 $\langle \cdot, \cdot \rangle$ 的 Hilbert 空间。对于 H 中的序列 $\{f_n\}$，若对于任意的 $f \in H$，存在唯一一组系数 a_n，使得 f 有按范数收敛的扩展 $f = \sum_n a_n f_n$，则序列 $\{f_n\}$ 是 H 的基。对于每一组基 $\{f_n\}$，存在唯一一个双正交序列 $\{g_n\}$，使得 $\langle f_n, g_m \rangle = \delta_{nm}$ 且 $\{g_n\}$ 也是一组基。此外，对于任意的 $f \in H$，$f = \sum_n a_n f_n$，有 $a_n = \langle f, g_n \rangle$。

下面开始证明定理 3。用记号 $L^2(-\sigma, \sigma)$ 表示 $(-\sigma, \sigma)$ 上能量有限信号构成的空间，由四分之一定理知，当 x_n 满足条件式 (2-23) 时，序列 $\{\exp(\mathrm{i} x_n x \pi / \sigma)\}$ 构成能量有限信号空间 $L^2(-\sigma, \sigma)$ 的一组基[13]。方便起见，记

$$h(x, x_n) = \frac{\sin[\sigma(x - x_n \pi / \sigma)]}{\sigma(x - x_n \pi / \sigma)} \tag{2-24}$$

可以验证 $h(x, x_n)$ 是信号 $g(x, x_n)$ 的傅里叶变换。

$$g(x, x_n) = \begin{cases} \dfrac{\sqrt{2\pi}}{2\sigma} \exp(\mathrm{i} x_n x \pi / \sigma), & x \in [-\sigma, \sigma] \\ 0, & \text{其他} \end{cases} \tag{2-25}$$

因为傅里叶变换是酉变换且 $\{\exp(\mathrm{i} x_n x \pi / \sigma)\}$ 构成空间 $L^2(-\sigma, \sigma)$ 的基，故序列 $\{h(x, x_n)\}$ 构成空间 H^σ 的基。在条件 (2-23) 下，$h(x, x_n)$ 的双正交序列如下[14]

$$p(x, x_n) = \frac{q(\sigma x / \pi)}{q'(x_n)(\sigma x / \pi - x_n)} \tag{2-26}$$

式中

$$q(x)=(x-x_0)\prod_{n=1}^{\infty}(1-x/x_n)(1-x/x_{-n}) \quad (2\text{-}27)$$

由变换 L 的酉变换性质可得

$$L^{-1}\mathcal{F}h(x,x_n)=b^{-\frac{1}{2}}\exp\left(-\frac{ia}{2b}x^2\right)h\left(\frac{x}{b},x_n\right) \quad (2\text{-}28)$$

$$L^{-1}\mathcal{F}p(x,x_n)=b^{-\frac{1}{2}}\exp\left(-\frac{ia}{2b}x^2\right)p\left(\frac{x}{b},x_n\right) \quad (2\text{-}29)$$

式（2-28）和式（2-29）是线性正则变换域 σ 带限信号空间 $H_{(a,b,c,d)}^{\sigma}$ 的基，且这两组基是双正交的。因此，对于任意线性正则变换域 σ 带限信号 $f(x)$，有

$$\begin{aligned}f(x)&=\sum_n\frac{\langle f(x),L^{-1}\mathcal{F}h(x,x_n)\rangle}{\langle L^{-1}\mathcal{F}h(x,x_n),L^{-1}\mathcal{F}p(x,x_n)\rangle}L^{-1}\mathcal{F}p(x,x_n)\\&=\exp\left(-\frac{ia}{2b}x^2\right)\sum_n\exp\left(\frac{ia}{2b}t_n^2\right)f(t_n)p\left(\frac{x}{b},x_n\right)\end{aligned} \quad (2\text{-}30)$$

式中，$t_n=x_n\pi b/\sigma$。由此可得非均匀采样公式（2-20）。

$$x_n=\begin{cases}0,\ n=0\\n+c^2/n,\ |c|<1/2,\ n\neq 0\end{cases} \quad (2\text{-}31)$$

特别地，当满足式（2-31）时，$q(x)$ 有显式表达式[15]

$$q(x)=x[\cos\pi(x^2-4c^2)^{1/2}-\cos\pi x]/2\sinh\pi c \quad (2\text{-}32)$$

由定理 3 的证明还可以得到下面的结论：式（2-33）和式（2-34）中的序列是 (a,b,c,d) 线性正则变换域 σ 带限信号空间 $H_{(a,b,c,d)}^{\sigma}$ 的两组基

$$\left\{b^{-\frac{1}{2}}\exp\left(-\frac{ia}{2b}x^2\right)h\left(\frac{x}{b},x_n\right)\right\} \quad (2\text{-}33)$$

$$\left\{b^{-\frac{1}{2}}\exp\left(-\frac{ia}{2b}x^2\right)p\left(-\frac{ia}{2b}x^2\right)\right\} \quad (2\text{-}34)$$

其中 $h(x,x_n)$ 同式（2-12），$p(x,x_n)$ 同式（2-21），且 x_n 满足式（2-23）中的条件。

特别地，当参数 $(a,b,c,d)=(\cos\alpha,\sin\alpha,-\sin\alpha,\cos\alpha)$ 时，可得如下经典分数傅里叶变换域带限信号的非均匀采样定理：设 $f(x)$ 是 α 阶经典分数傅里叶变换域 σ 带限信号，则非均匀采样扩张成立

$$f(x)=\exp\left(-\frac{\mathrm{i}}{2}\cot\alpha x^2\right)\sum_n \exp\left(\frac{\mathrm{i}}{2}\cot\alpha t_n^2\right)f(t_n)p(x\csc\alpha,x_n) \quad (2\text{-}35)$$

式中，$t_n=x_n\pi\sin\alpha/\sigma$，$p(x,x_n)$ 同式（2-21）且 x_n 满足式（2-23）中的条件。

当参数 $(a,b,c,d)=(0,1,-1,0)$ 时，可得如下傅里叶变换域带限信号的非均匀采样定理：设 $f(x)$ 是傅里叶变换域 σ 带限信号，则非均匀采样扩张成立

$$f(x)=\sum_n f(t_n)p(x,x_n) \quad (2\text{-}36)$$

式中，$t_n=x_n\pi/\sigma$，$p(x,x_n)$ 同式（2-21）且 x_n 满足式（2-23）中的条件。说明 Higgins 在文献[12]中的研究是本文给出的定理 3 的特殊情况。

2.3 仿真分析

本节通过数值仿真模拟验证本章给出的线性正则变换域带限信号采样定理的正确性和有效性。考虑图 2-1 中的信号 $f(x)$，其 $(1,1,0,1)$ 线性正则变换如图 2-2 所示，表示如下

$$\tilde{f}_{(1,1,0,1)}(u)=\begin{cases}\exp\left(\dfrac{\mathrm{i}}{2}u^2\right), & |u|\leq\pi \\ 0, & \text{其他}\end{cases} \quad (2\text{-}37)$$

可见 $\tilde{f}_{(1,1,0,1)}(u)$ 只在有限区间 $[-\pi,\pi]$ 内取值非零，在其他情况下均取零值。故原信号 $f(x)$ 是 $(1,1,0,1)$ 线性正则变换域 π 带限的，即 $f(x) \in H_{(1,1,0,1)}^{\pi}$。根据前面的讨论知，$f(x)$ 可由 $f(x)$ 的均匀采样值 $f(n)$ 和式(2-38)中空间 $H_{(1,1,0,1)}^{\pi}$ 的正交采样基函数通过式（2-14）完全重构

$$\left\{ G_{(a,b,c,d)}(x,n) = \exp\left[\frac{\mathrm{i}}{2}(n^2-x^2)\right]\frac{\sin[\pi(x-n)]}{\pi(x-n)} \right\} \quad (2\text{-}38)$$

一些特殊的正交采样基函数如图 2-3 所示，其中实线和虚线分别代表实部和虚部。重构信号如图 2-4 所示。图 2-5 给出了原信号（图 2-1 所示信号）与重构信号（图 2-4 所示信号）的差，可见其差值小于 4×10^{-16}。从图 2-4 和图 2-5 中可以看出，均匀采样公式（2-14）可以完全重构原信号 $f(x)$。

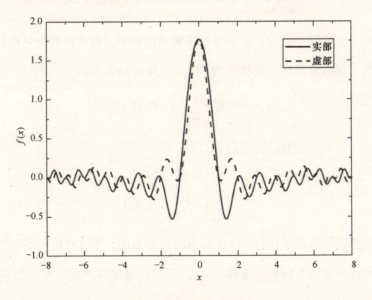

图 2-1 原信号 $f(x)$

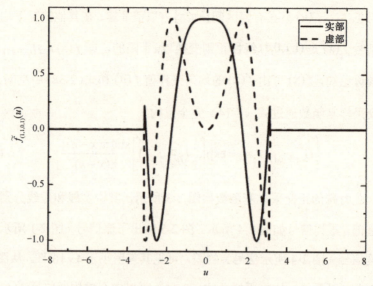

图 2-2　原信号 $f(x)$ 的线性正则变换 $\tilde{f}_{(1,1,0,1)}(u)$

然而在实际问题中，由于噪声等因素的影响，很难得到信号均匀分布的采样值。现假设得到的采样值为 $f(x_n)$，且 x_n 满足条件

$$|x_n - n| \leqslant C < \frac{1}{4}, \quad n = 0, \pm 1, \pm 2, \cdots \quad (2\text{-}39)$$

式中，C 为常数。方便起见，取

$$x_n = \begin{cases} 0, & n = 0 \\ n + \dfrac{1}{9n}, & n \neq 0 \end{cases} \quad (2\text{-}40)$$

显然，所得的采样值 $f(x_n)$ 是非均匀分布的。在这种情况下，如果还用均匀采样公式（2-14）去重构 $f(x)$，则重构结果将严重畸变，如图 2-6 和图 2-7 所示。

第 2 章　线性正则变换域带限信号采样理论

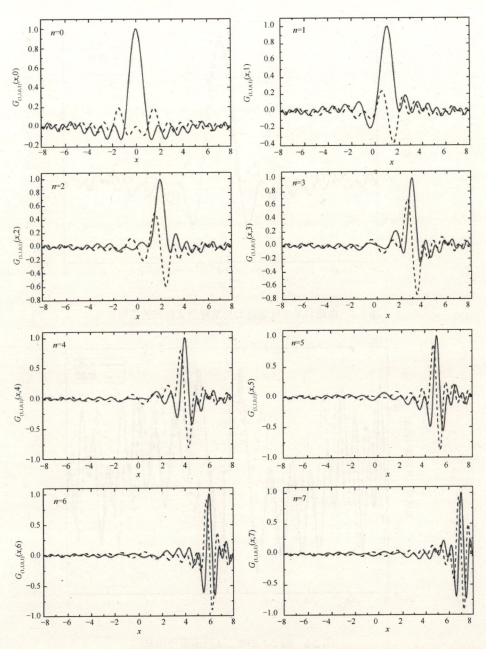

图 2-3　一些特殊的正交采样基函数 $G_{(1,1,0,1)}(x,n)$

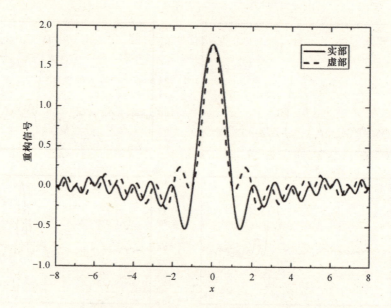

图 2-4 由均匀采样值通过均匀采样公式得到的重构信号

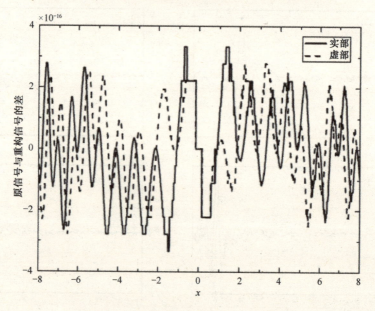

图 2-5 图 2-1 和图 2-4 所示信号的差

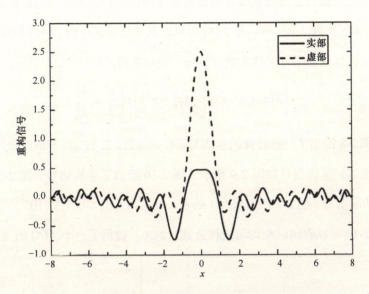

图 2-6 由非均匀采样值通过均匀采样公式得到的重构信号

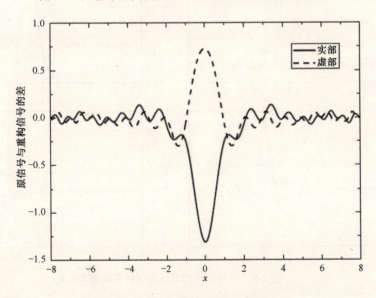

图 2-7 图 2-1 和图 2-6 所示信号的差

但若用线性正则变换域带限信号的非均匀采样定理 3 则可以得到理想结果。由采样定理 3 知，原信号 $f(x)$ 可以由其非均匀采样值 $f(x_n)$ 和式（2-41）中的采样基函数通过采样公式（2-20）完全重构。

$$\left\{ S(x,x_n) = \exp\left[\frac{\mathrm{i}}{2}(x_n^2 - x^2)\right] p\left(\frac{x}{b}, x_n\right) \right\} \tag{2-41}$$

图 2-8 给出了一些特殊的非均匀采样基函数，其中实线和虚线分别代表实部和虚部。重构信号如图 2-9 所示。图 2-10 给出了重构信号（图 2-9 所示信号）和原信号（图 2-1 所示信号）的差，可见其差值小于 1.5×10^{-13}。由图 2-9 和图 2-10 可以看出，非均匀采样公式（2-20）提供了一个 $f(x)$ 的完全重构。

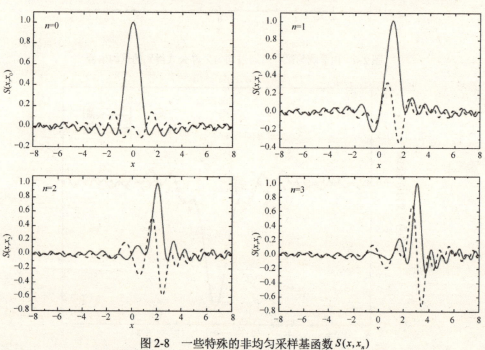

图 2-8　一些特殊的非均匀采样基函数 $S(x,x_n)$

第 2 章 线性正则变换域带限信号采样理论

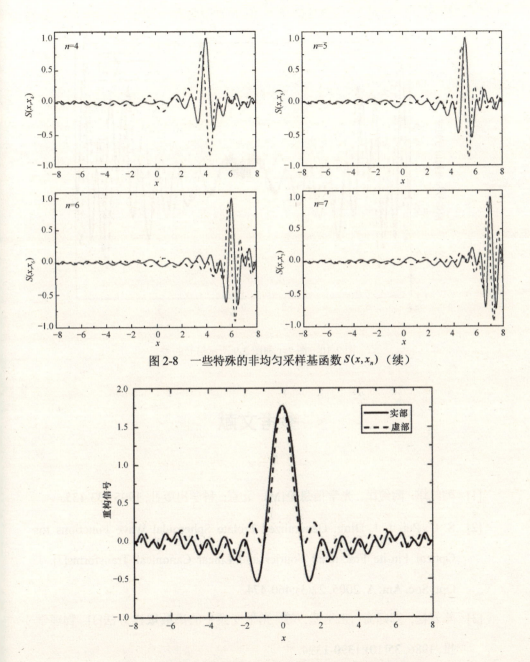

图 2-8 一些特殊的非均匀采样基函数 $S(x, x_n)$ （续）

图 2-9 由非均匀采样值通过非均匀采样公式得到的重构信号

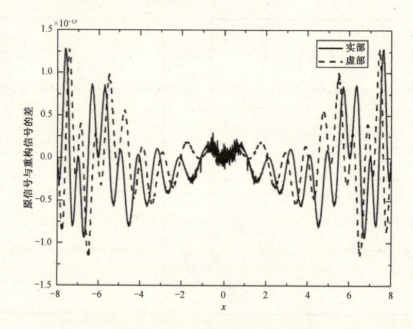

图 2-10　图 2-1 和图 2-9 所示信号的差

参考文献

[1] 陶纯堪, 陶纯匡. 光学信息论[M]. 北京: 科学出版社, 1995:133-135.

[2] S. C. Pei, J. J. Ding. Generalized Prolate Spheroidal Wave Functions for Optical Fin-ite Fractional Fourier and Linear Canonical Transforms[J]. J. Opt. Soc. Am. A, 2005, 22(3):460-474.

[3] 陈岩松, 郑师海, 王玉堂, 等. 光学变换中的离散取样方法[J]. 物理学报, 1986, 35(10):1390-1394.

[4] 杨国桢, 顾本源. 用振幅—相位型全息透镜实现光学变换的一般理论[J]. 物理学报, 1981, 30(3):414-417.

[5] K. K. Sharma, S. D. Joshi. Signal Separation Using Linear Canonical and Fractional Fourier Transforms[J]. Opt. Comm., 2006, 265:454-460.

[6] Y. L. Liu, K. L. Kou, L. T. Ho. New Sampling Formulae for Non-Bandlimited Sign-als Associated with Linear Canonical Transform and Nonlinear Fourier Atoms[J]. Sig-nal Process., 2010, 90(3):933-945.

[7] A. Stern. Sampling of Linear Canonical Transformed Signals[J]. Signal Process., 2006, 86:1421-1425.

[8] M. Z. Nashed, G. G. Walter. General Sampling Theorems for Functions in Reproducing Kernel Hilbert Spaces[J]. Mathematics of Control, Signals and Systems, 1991, 4:363-390.

[9] M. Unser. Sampling-50 Years after Shannon[J]. Proc. IEEE, 2000, 88(4):569-587.

[10] B. Deng, R. Tao, Y. Wang. Convolution Theorems for the Linear Canonical Transform and Their Applications[J]. Science in China (Ser. F, Information Science), 2006, 49(5):592-603.

[11] B. Li, R. Tao, Y. Wang. New Sampling Formulae Related to Linear Canonical Transform[J].Signal Processing, 2007, 87:983-990.

[12] Associated with Linear Canonical Transform and Nonlinear Fourier Atoms[J]. Signal Process., 2010, 90(3):933-945.

[13] J. R. Higgins. A Sampling Theorem for Irregularly Spaced Sample Points[J]. IEEE Trans. Inform. Theory, 1976, 22(5):621-622.

[14] M. I. Kadec. The Exact Value of the Paley-Wiener Constant[J]. Soviet Math. Dokl.,1964, 5:559-561.

[15] N. Levinson. Gap and Density Theorems[M]. New York: Amer. Math. Soc. Colloq., Publ., 1940, 26:57.

[16] E. T. Whittaker, G. N. Watson. A Course of Modern Analysis[M]. Cambridge, U.K:4th ed. Cambridge Univ. Press, 1962:238.

第 3 章

连续线性正则变换域带限信号外推

3.1 理论基础

3.1.1 希尔伯特空间和算子理论

设 H_1 和 H_2 为两个希尔伯特空间且 $A: H_1 \to H_2$ 为线性算子。如果存在实数 c 对于全部 $x \in H_1$ 有 $\|Ax\|_2 \leq c\|x\|_1$ 成立，则称 A 是有界的。这里 $\|\cdot\|_k (k=1,2)$ 表示 H_k 中的范数。如果 A 是有界线性算子，则用 $\|A\|$ 表示所有满足条件 $\|Ax\|_2 \leq c\|x\|_1$ 的实数 c 的下确界。如果算子 A 将每个有界集 $S \in H_1$ 映射到具有紧闭的集 $A(S)$ 上，则称算子 A 为紧算子。换句话说，A 为紧算子当且仅当对于每个有界序列 $\{x_n, n \in N\} \subseteq H_1$，存在一个子序列 $\{x_{nk}, k \in N\}$ 和 $y \in H_2$，使得当 $k \to \infty$ 时，$A(x_{nk})$ 在范数意义下趋于 y。显

然，紧算子一定是有界算子。A 的伴随算子也是线性算子，$A^*: H_2 \to H_1$，$\langle A^* y, x \rangle_{H_1} = \langle y, Ax \rangle_{H_2}$，其中 $\langle \cdot, \cdot \rangle_{H_k}$ 表示 H_k 中的内积。

引理 1：令 $A: H_1 \to H_2$ 是一个有界线性算子，$y \in R(A) + R(A)^\perp$，$R(A)$ 表示算子 A 的值域，上标 $\perp$ 表示正交集。考虑迭代方程

$$\begin{cases} x^0 = 0 \\ x^J = x^{J-1} + \xi A^*(y - Ax^{J-1}) \end{cases} \quad (3\text{-}1)$$

其中

$$0 < \xi < 2/\|A^*A\| \quad (3\text{-}2)$$

则 x^J 为收敛到算子方程 $Ax = y$ 最小范数的最小二乘解[1]。

引理 2：设 H 是希尔伯特空间，$\langle \cdot, \cdot \rangle$ 表示其内积，$\|\cdot\|$ 是相应的范数。$y_1, y_2, \cdots, y_N$ 是 H 中的 N 个线性独立的元素，$u_1, u_2, \cdots, u_N$ 是 N 个复数。那么，满足式（3-3）中条件的具有最小范数的 $x \in H$ 唯一，即

$$\langle x, y_n \rangle = u_n, \quad n = 1, 2, \cdots, N \quad (3\text{-}3)$$

且

$$x_{\min} = \sum_{n=1}^{N} h_n y_n \quad (3\text{-}4)$$

其中，$h = (h_1, h_2, \cdots, h_N)^T$ 可以通过求解以下线性方程组得到

$$\mathcal{J} h = u = (u_1, u_2, \cdots, u_N)^T \quad (3\text{-}5)$$

这里 $\mathcal{J}$ 是一个矩阵，其第 (k, m) 个元素为

$$\mathcal{J}_{km} = \langle y_m, y_k \rangle, \quad 1 \leq k, m \leq N \quad (3\text{-}6)$$

上标 T 表示转置[2]。

3.1.2 第一类 Fredholm 积分方程

定义 Ω 和 Δ 为两个数域，令 $L^2(\Omega)$ 表示定义在 Ω 上的平方可积函数空间，$h(t,x)$: $\Delta \times \Omega \to C$ 是一个定义在数域 $\Delta \times \Omega$ 上，值域为 C 的连续函数。第一类 Fredholm 积分方程是在给定 $f \in L^2(\Delta)$ 的情况下，求 $g \in L^2(\Omega)$ 使得式（3-7）成立

$$f(t) = (\mathcal{H}g)(t) = \int_\Omega h(t,x)g(x)\mathrm{d}x, \ t \in \Delta \tag{3-7}$$

称 $h(t,x)$ 为 Fredholm 积分算子 $\mathcal{H}$ 的核。工程和物理学中的许多问题都可以建模成第一类 Fredholm 积分方程，因此，第一类 Fredholm 积分方程在实际应用中非常重要。Fredholm 积分算子 $\mathcal{H}$ 的共轭算子 $\mathcal{H}^*$: $L^2(\Delta) \to L^2(\Omega)$ 也是一个积分算子

$$(\mathcal{H}^* f)(x) = \int_\Delta \overline{h}(t,x)f(t)\mathrm{d}t, \ x \in \Omega \tag{3-8}$$

显然，$\mathcal{H}\mathcal{H}^*$ 和 $\mathcal{H}^*\mathcal{H}$ 是核分别为 $\int_\Omega h(t,x)\overline{h}(x,y)\mathrm{d}x$ 和 $\int_\Delta \overline{h}(x,t)h(x,y)\mathrm{d}x$ 的积分算子。因为算子 $\mathcal{H}$ 是紧的，故存在一组正交函数 $\phi_n(n=1,2,3,\cdots)$ 和一组数 $\lambda_n(n=1,2,3,\cdots)$，以及另一组正交函数 $\psi_n(n=1,2,3,\cdots)$，使得式（3-9）和式（3-10）成立

$$\mathcal{H}\mathcal{H}^* \phi_n = \lambda_n \phi_n \tag{3-9}$$

$$\mathcal{H}^* \mathcal{H} \psi_n = \lambda_n \psi_n \tag{3-10}$$

而且，ϕ_n 与 ψ_n 具有如下关系

$$\mathcal{H}\psi_n = \sqrt{\lambda_n}\phi_n \tag{3-11}$$

$$\mathcal{H}^*\phi_n = \sqrt{\lambda_n}\psi_n \tag{3-12}$$

引理 3：当且仅当满足以下条件时，Fredholm 积分方程式（3-7）存在解 $g \in L^2(\Omega)$

$$\sum_{n=1}^{\infty} \frac{|\langle f,\phi_n\rangle|^2}{\lambda_n} < \infty \tag{3-13}$$

式中，f 与任意的 ϕ_n 正交，且

$$\mathcal{H}^*\phi_n = 0 \tag{3-14}$$

在这些条件下，式（3-7）的解 g 可以由下式求得

$$\lim_{N\to\infty} \sum_{n=1}^{N} \frac{\langle f,\phi_n\rangle}{\sqrt{\lambda_n}} \psi_n \tag{3-15}$$

上式在均方意义上收敛[3]。

3.2 基于连续区间段的外推算法

3.2.1 外推问题

令 $f(t)$ 是 (a,b,c,d) 线性正则变换域 σ 带限信号，已知 $f(t)$ 在区间 $[-T,T]$ 上的值 $\hat{f}(t)$

$$\hat{f}(t) = \begin{cases} f(t), & |t| \leqslant T \\ 0, & |t| > T \end{cases} \tag{3-16}$$

问题是估计 $f(t)$ 的未知部分。

3.2.2 外推算法 1

定义 $B^{\sigma}_{(a,b,c,d)}$ 为 (a,b,c,d) 线性正则变换域 σ 带限算子（线性正则变换域的理想低通滤波器）

$$(B^{\sigma}_{(a,b,c,d)}f)(t) = \int_{-\sigma}^{\sigma} \tilde{f}_{(a,b,c,d)}(u)\mathcal{K}_{(d,-b,-c,a)}(u,t)\mathrm{d}u \quad (3\text{-}17)$$

所提出的外推算法是从 $f(t)$ 的已知部分 $\hat{f}_0(t) = \hat{f}(t)$ 开始的迭代算法。设 $f_1(t)$ 表示 (a,b,c,d) 线性正则变换域 σ 带限 $\hat{f}_0(t)$ 后所得到的信号 $B^{\sigma}_{(a,b,c,d)}\hat{f}_0$，因此有

$$\begin{aligned}f_1(t) &= \int_{-\sigma}^{\sigma}\mathcal{K}_{(d,-b,-c,a)}(u,t) \times \left[\int_{-T}^{T}\hat{f}_0(x)\mathcal{K}_{(a,b,c,d)}(x,u)\mathrm{d}x\right]\mathrm{d}u \\ &= \int_{-T}^{T}\hat{f}_0(x)G_{(a,b,c,d)}(t,x)\mathrm{d}x\end{aligned} \quad (3\text{-}18)$$

用 $\hat{f}_0(t)$ 替换 $f_1(t)$ 在区间 $[-T, T]$ 中的值，从而得到

$$\hat{f}_1(t) = \begin{cases}\hat{f}_0(t), |t| \leqslant T \\ f_1(t), |t| > T\end{cases} \quad (3\text{-}19)$$

第 n 步迭代过程如下：(a,b,c,d) 线性正则变换域 σ 带限 $\hat{f}_{n-1}(t)$，以获得信号 $f_n(t)$

$$f_n(t) = \int_{-\infty}^{\infty} \hat{f}_{n-1}(x)G_{(a,b,c,d)}(t,x)\mathrm{d}x \quad (3\text{-}20)$$

用 $\hat{f}_0(t)$ 替换 $f_n(t)$ 在区间 $[-T, T]$ 中的值，得到信号 $\hat{f}_n(t)$

$$\hat{f}_n(t) = \begin{cases}\hat{f}_0(t), |t| \leqslant T \\ f_n(t), |t| > T\end{cases} \quad (3\text{-}21)$$

值得注意的是，信号 $f_n(t)$ 是 (a,b,c,d) 带限的，并且可以看成是当输入为 $\hat{f}_{n-1}(t)$ 时，理想线性正则变换域低通滤波器的输出。迭代外推算法示意

图如图 3-1 所示。在迭代开始时,左开关闭合,$\hat{f}_0(t)$ 被送到线性正则变换域理想低通滤波器中,之后此开关保持打开状态。对于 $|t|\leqslant T$ 和 $|t|>T$,右开关分别在位置 K 和 L 之间交替。第 n 次迭代的输出 $\hat{f}_n(t)$ 或 $f_n(t)$ 即为 $f(t)$ 的外推估计。

将 P_T 定义为时限算子

$$(P_T f)(t) = \begin{cases} f(t), |t| \leqslant T \\ 0, |t| > T \end{cases} \tag{3-22}$$

则有 $\bar{P}_T = I - P_T$,其中 I 是恒等算子。设 $U = \bar{P}_T B_{(a,b,c,d)}^{\sigma}$ 和 $Q = B_{(a,b,c,d)}^{\sigma} \bar{P}_T$,则上述迭代外推算法可以表示为

$$\hat{f}_n(t) = \hat{f}_0(t) + (U\hat{f}_{n-1})(t) \tag{3-23}$$

$$f_n(t) = f_1(t) + (Q f_{n-1})(t) \tag{3-24}$$

因此,如图 3-2 所示,有

$$\hat{f}_n(t) = \hat{f}_0(t) + (U\hat{f}_0)(t) + \cdots + (U^n \hat{f}_0)(t) \tag{3-25}$$

$$f_n(t) = f_1(t) + (Q f_1)(t) + \cdots + (Q^n f_1)(t) \tag{3-26}$$

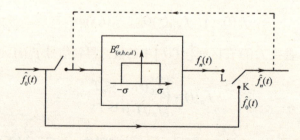

图 3-1 迭代外推算法示意图

式（3-25）和式（3-26）描述了所提迭代算法的外推过程。

值得注意的是，当参数 $(a,b,c,d)=(0,1,-1,0)$ 时，上述算法即为文献[5]和文献[6]中提出的传统带限信号的迭代外推算法。这说明所提算法将信号的分析域由传统的傅里叶变换域推广到了线性正则变换域。

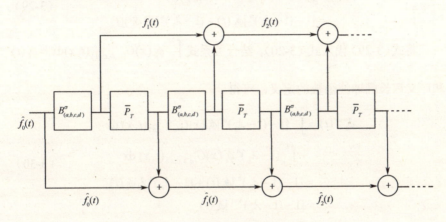

图 3-2 迭代算法的外推过程

现在，与 Papoulis 在文献[5]中给出的傅里叶变换情形下的技巧相似，证明算法的收敛性，即证明当 n 趋于无穷时，误差 $e_n(t)=f(t)-f_n(t)$ 趋于零。

由于 $f(t)\in H^{\sigma}_{(a,b,c,d)}$，所以有级数展开 $f(t)=\sum_{k=0}^{\infty}a_k\phi_k(t)$ 成立，其中 $\phi_k(t)$ 为广义扁长椭球波函数（具体定义见第 6 章）。令 $\phi_k^n(t)$ 表示 $\phi_k(t)$ 的第 n 次迭代估计，利用 $B^{\sigma}_{(a,b,c,d)}$ 和 $\overline{P}_T$ 的线性性质，可得

$$f_n(t)=\sum_{k=0}^{\infty}a_k\phi_k^n(t) \tag{3-27}$$

接下来，使用归纳法证明

$$\phi_k^n(t)=[1-(1-\lambda_k)^n]\phi_k(t) \tag{3-28}$$

式中，λ_k 是广义扁长椭球波函数 $\phi_k(t)$ 对应的特征值。当 $n=1$ 时，利用广义扁长椭球波函数的定义和式（3-18），很容易能得到 $\phi_k^1(t)=\lambda_k\phi_k(t)$。现在假设式（3-28）对于 n 成立，则由式（3-21）可得

$$\begin{aligned}\hat{\phi}_k^n(t)&=\phi_k^n(t)-(P_T\phi_k^n)(t)+(P_T\phi_k)(t)\\&=[1-(1-\lambda_k)^n]\phi_k(t)+(1-\lambda_k)^n(P_T\phi_k)(t)\end{aligned} \tag{3-29}$$

将式（3-29）代入式（3-20），结合关系式 $\int_{-\infty}^{\infty}\phi_k(x)G_{(a,b,c,d)}(t,x)\mathrm{d}x=\phi_k(t)$ 和广义扁长椭球波函数的定义，可得

$$\begin{aligned}\phi_k^{n+1}(t)&=\int_{-\infty}^{\infty}[1-(1-\lambda_k)^n]\phi_k(x)G_{(a,b,c,d)}(t,x)\,\mathrm{d}x\\&\quad+\int_{-T}^{T}(1-\lambda_k)^n\phi_k(x)G_{(a,b,c,d)}(t,x)\,\mathrm{d}x\\&=[1-(1-\lambda_k)^n]\phi_k(t)+(1-\lambda_k)^n\lambda_k\phi_k(t)\\&=[1-(1-\lambda_k)^{n+1}]\phi_k(t)\end{aligned} \tag{3-30}$$

因此，式（3-28）对于 $n+1$ 成立。

将式（3-28）代入式（3-27），则误差 $e_n(t)$ 可写为

$$e_n(t)=\sum_{k=0}^{\infty}a_k(1-\lambda_k)^n\phi_k(t) \tag{3-31}$$

其能量 E_n 为

$$E_n=\int_{-\infty}^{\infty}|e_n(t)|^2\,\mathrm{d}t=\frac{\pi b}{\sigma}\sum_{k=0}^{\infty}|a_k|^2(1-\lambda_k)^{2n} \tag{3-32}$$

上式最后一步可由广义扁长椭球波函数 $\phi_k(t)$ 的正交性 $\int_{-\infty}^{\infty}\phi_k(t)\phi_l^*(t)\mathrm{d}t=\frac{\pi b}{\sigma}\delta_{k,l}$ 得到。由于 $f(t)$ 的能量 $E=\int_{-\infty}^{\infty}|f(t)|^2\,\mathrm{d}t=\frac{\pi b}{\sigma}\sum_{k=0}^{\infty}|a_k|^2$ 有限，因此对于任意 $\varepsilon>0$，可以找到一个整数 N，使得 $(\pi b/\sigma)\sum_{k>N}|a_k|^2<\varepsilon$。又由特征值 λ_k 的性质 $1>\lambda_0>\lambda_1>\cdots>\lambda_k>\cdots>0$，可以得到 $1-\lambda_k\leqslant 1-\lambda_N$，

第3章 连续线性正则变换域带限信号外推

$k \leqslant N$。故有

$$E_n < \frac{\pi b}{\sigma}(1-\lambda_N)^{2n}\sum_{k=0}^{N}|a_k|^2 + \frac{\pi b}{\sigma}\sum_{k>N}|a_k|^2 \to 0 \quad (3\text{-}33)$$

而且，由于 $e_n(t)$ 是 (a,b,c,d) 线性正则变换域 σ 带限的，根据 Schwarz 不等式和线性正则变换的能量保持性有

$$\begin{aligned}|e_n(t)| &= \left|\int_{-\sigma}^{\sigma}\hat{e}_{n(a,b,c,d)}(u)K_{(d,-b,-c,a)}(u,t)\mathrm{d}u\right| \\ &\leqslant \left(\int_{-\sigma}^{\sigma}|\tilde{e}_{n(a,b,c,d)}(u)|^2\mathrm{d}u\right)^{\frac{1}{2}}\left(\int_{-\sigma}^{\sigma}\frac{1}{2\pi b}\mathrm{d}u\right)^{\frac{1}{2}} \quad (3\text{-}34)\\ &= \sqrt{\frac{E_n\sigma}{\pi b}}\end{aligned}$$

这里 $\hat{e}_{n(a,b,c,d)}(u)$ 是 $e_n(t)$ 的 (a,b,c,d) 线性正则变换。因此，当 n 趋于无穷时，$f_n(t)$ 收敛于 $f(t)$。而且，从 $\hat{f}_n(t)$ 与 $f_n(t)$ 之间的关系式（3-20）可以很容易地得到 $\hat{f}_n(t)$ 也收敛于 $f(t)$ 的结论。

考虑 $(0.3,1,-0.8,2/3)$ 线性正则变换域 $\pi/2$ 带限信号 $f(t)$，其 $(0.3,1,-0.8,2/3)$ 线性正则变换 $\tilde{f}_{(0.3,1,-0.8,2/3)}(u)$ 在 $|u|\leqslant \pi/2$ 时等于 $\exp(\mathrm{i}u^2/3)$。假设只知道 $f(t)$ 在区间 $[-1/2,1/2]$ 中的值，原信号 $f(t)$ 及其迭代外推估计 $f_n(t)(n=1,3,5,7)$ 的实部和虚部分别如图 3-3 和图 3-4 所示。可见，虽然已知区间仅为 $[-1/2,1/2]$，但 $f_n(t)$ 收敛到 $f(t)$ 的速度非常快。

3.2.3 外推算法 2

由广义扁长椭球波函数的双正交基性质，有

$$f(t)=\sum_{n=1}^{\infty}a_n\varphi_n(t) \quad (3\text{-}35)$$

其中，φ_n是广义扁长椭球波函数，λ_n是其相应的特征值，a_n为

$$a_n = \frac{\sigma}{\lambda_n \pi b} \int_{-T}^{T} f(t) \hat{\varphi}_n(t) \mathrm{d}t \qquad (3\text{-}36)$$

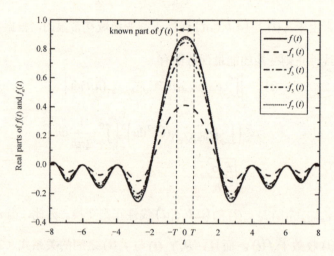

图 3-3 原始信号 $f(t)$ 及其迭代外推估计 $f_n(t)$ 的实部

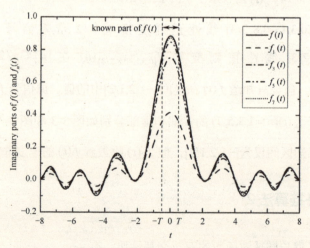

图 3-4 原始信号 $f(t)$ 及其迭代外推估计 $f_n(t)$ 的虚部

在文献[9]中，通过将用于传统傅里叶变换域带限信号的 Papoulis-

第3章 连续线性正则变换域带限信号外推

Gerchberg 算法推广到线性正则变换域，史军等提出了以下迭代算法

$$\begin{cases} f^0(t) = 0 \\ f^J(t) = [\mathcal{D}_T f + (I - \mathcal{D}_T)f^{J-1}](t)\Theta \dfrac{\sin(b^{-1}\sigma t)}{\pi t} \end{cases} \quad (3\text{-}37)$$

其中 $\mathcal{D}_T$ 和 Θ 的定义如下

$$(\mathcal{D}_T x)(t) = \begin{cases} x(t), |t| < T \\ 0, |t| \geqslant T \end{cases} \quad (3\text{-}38)$$

$$x(t)\Theta y(t) = \mathrm{e}^{-(ia/2b)t^2}[x(t)\mathrm{e}^{(ia/2b)t^2} \otimes y(t)] \quad (3\text{-}39)$$

其中 $\otimes$ 表示普通的卷积算子。

下面通过考虑第一类 Fredholm 积分方程的解来将上述两种算法统一起来。

由于 $f(t) \in L^2(R)$，因此 $f(t)$ 可以通过求其线性正则变换 $F_{(a,b,c,d)}(u)$ 的逆变换求得，即

$$\begin{aligned} f(t) &= (\mathcal{L}^{-1}_{(a,b,c,d)} F_{(a,b,c,d)})(t) \\ &= \int_{-\sigma}^{\sigma} \bar{\mathcal{K}}_{(a,b,c,d)}(t,u) F_{(a,b,c,d)}(u) \mathrm{d}u, \quad t \in R \end{aligned} \quad (3\text{-}40)$$

显然，确定 $f(t)\,(t \in R)$ 相当于确定 $F_{(a,b,c,d)}(u)$，$u \in (-\sigma, \sigma)$。由于 f 是解析函数，因此由式（3-40）可得

$$f(t) = \int_{-\sigma}^{\sigma} \bar{\mathcal{K}}_{(a,b,c,d)}(t,u) F_{(a,b,c,d)}(u) \mathrm{d}u, \quad t \in (-T, T) \quad (3\text{-}41)$$

显然，Fredholm 积分方程式（3-41）有唯一解。下面给出求解的两种方法。

1. 方法1

定理：任何 (a,b,c,d) 带限函数都是整函数。

证明：对于任意 (a,b,c,d) 线性正则变换域 σ 带限函数 $f(t)$，由逆线性正则变换的定义式（3-40），有

$$f(t) = \sqrt{\frac{1}{-\mathrm{i}2\pi b}} \mathrm{e}^{-(\mathrm{i}a/2b)t^2} \int_{-\sigma}^{\sigma} F_{(a,b,c,d)}(u) \mathrm{e}^{-(\mathrm{i}d/2b)u^2} \mathrm{e}^{(\mathrm{i}/b)ut} \mathrm{d}u \quad (3\text{-}42)$$

令

$$g(t) = \int_{-\sigma}^{\sigma} F_{(a,b,c,d)}(u) \mathrm{e}^{-(\mathrm{i}d/2b)u^2} \mathrm{e}^{(\mathrm{i}/b)ut} \mathrm{d}u \quad (3\text{-}43)$$

那么 $g(t)$ 是传统傅立叶变换域中的带限信号，因此是一个整函数[10,11]。由式（3-42）可知，$f(t)$ 也是整函数。

现在考虑 $f(t)$ 的外推算法。根据引理 3 可以推导出 Fredholm 积分方程式（3-41）的解 $F_{(a,b,c,d)}(u)$ 为

$$F_{(a,b,c,d)}(u) = \lim_{N \to \infty} F_{(a,b,c,d),N}(u) \quad (3\text{-}44)$$

$$F_{(a,b,c,d),N}(u) = \sum_{n=1}^{N} \frac{\langle f, \phi_n \rangle}{\sqrt{\lambda_n}} \psi_n \quad (3\text{-}45)$$

由于式（3-43）是均方意义上的极限，因此，式（3-46）一致收敛于 $(\mathcal{H}F_{(a,b,c,d)})(t)$

$$\begin{aligned}(\mathcal{H}F_{(a,b,c,d),N})(t) &= \sum_{n=1}^{N} \frac{\langle f, \phi_n \rangle}{\sqrt{\lambda_n}} \mathcal{H}\psi_n(t) \\ &= \sum_{n=1}^{N} \langle f, \phi_n \rangle \phi_n(t), t \in (-T,T)\end{aligned} \quad (3\text{-}46)$$

此外

$$\begin{aligned}f(t) &= (\mathcal{H}F_{(a,b,c,d)})(t) \\ &= \sum_{n=1}^{\infty} \langle f, \phi_n \rangle \phi_n(t), t \in (-T,T)\end{aligned} \quad (3\text{-}47)$$

因为共轭算子 $\mathcal{H}^*$ 的核 $\hat{h}(t,u) = \mathcal{K}_{(a,b,c,d)}(t,u)$，所以 $\mathcal{H}\mathcal{H}^*$ 的核为

$$h(t,x) = \int_{-\sigma}^{\sigma} \overline{\mathcal{K}_{(a,b,c,d)}(t,u)} \mathcal{K}_{(a,b,c,d)}(x,u) \mathrm{d}u$$
$$= \frac{\sigma}{\pi b} \mathrm{e}^{(\mathrm{i}a/2b)(x^2-t^2)} \mathrm{sinc}[\sigma(t-x)/b]$$
(3-48)

其中 $\mathrm{sinc}(x) = \frac{\sin x}{x}$。故可以很容易地看出，$\phi_n$ 正是文献[12]中提出的广义扁长椭球波函数 φ_n 在 $(-T, T)$ 上的标准化，且有

$$\phi_n(t) = \sqrt{\frac{\sigma}{\pi b \lambda_n}} \varphi_n(t)$$
(3-49)

根据定理，式（3-47）的左端和右端在有限区间 $[-T, T]$ 上是整函数，因此式（3-47）对所有 $t \in R$ 成立。即有

$$f(t) = \sum_{n=1}^{\infty} \langle f, \phi_n \rangle \phi_n(t), t \in R$$
(3-50)

考虑到 $\langle f, \phi_n \rangle = \int_{-T}^{T} f(t) \overline{\phi_n(t)} \mathrm{d}t$，因此，式（3-50）实际上是信号 $f(t)$ 基于已知段 $f(t), t \in (-T, T)$ 的外推公式。

2. 方法2

由于 Fredholm 积分方程式（3-41）有唯一解。因此相应的算子方程

$$\mathcal{H} F_{(a,b,c,d)} = f$$
(3-51)

其中，$\mathcal{H}$ 定义为

$$(\mathcal{H}x)(t) = \int_{-\sigma}^{\sigma} \widehat{\mathcal{K}}_{(a,b,c,d)}(t,u) x(u) \mathrm{d}u, t \in (-T, T)$$
(3-52)

式（3-51）也有唯一解。因此，应用引理1可以得到迭代算法

$$\begin{cases} F_{(a,b,c,d)}^{0} = 0 \\ F_{(a,b,c,d)}^{J} = F_{(a,b,c,d)}^{J-1} + \xi \mathcal{H}^{*}(f - \mathcal{H} F_{(a,b,c,d)}^{J-1}) \end{cases}$$
(3-53)

其中，$0 < \xi < 2/(\|\mathcal{H}^*\mathcal{H}\|)$，$\mathcal{H}$ 的共轭算子 $\mathcal{H}^*$ 由下式给出

$$(\mathcal{H}^* y)(u) = \int_{-T}^{T} \mathcal{K}_{(a,b,c,d)}(t,u) y(t) \mathrm{d}t, u \in (-\sigma, \sigma) \tag{3-54}$$

而且此迭代算法在能量范数意义下收敛到唯一解 $F_{(a,b,c,d)}$。注意 $F_{(a,b,c,d)}(u)$ 是 $f(t)$ 的 (a,b,c,d) 线性正则变换，因此将逆线性正则变换应用于迭代算法式（3-53）的两端可得

$$\begin{cases} f^0 = 0 \\ f^J = f^{J-1} + \xi \mathcal{L}_{(a,b,c,d)}^{-1} \mathcal{H}^* (f - f^{J-1}) \end{cases} \tag{3-55}$$

其中，f^J 表示 $F_{(a,b,c,d)}^J$ 的逆线性正则变换。显然，f^J 在能量范数意义上收敛于 $f(t)$。由式（3-40）和式（3-54），可以将式（3-55）写成

$$\begin{cases} f^0 = 0 \\ f^J = f^{J-1}(t) + \xi[\mathcal{D}_T(f - f^{J-1})](t) \Theta \dfrac{\sin(b^{-1}\sigma t)}{\pi t} \end{cases} \tag{3-56}$$

又由于 f^{J-1} 是 (a,b,c,d) 线性正则变换域 σ 带限的，故有

$$f^{J-1}(t) \Theta \dfrac{\sin(b^{-1}\sigma t)}{\pi t} = f^{J-1}(t) \tag{3-57}$$

因此，式（3-56）等效于以下形式

$$\begin{cases} f^0 = 0 \\ f^J = [\xi \mathcal{D}_T f + (I - \xi \mathcal{D}_T) f^{J-1}](t) \Theta \dfrac{\sin(b^{-1}\sigma t)}{\pi t} \end{cases} \tag{3-58}$$

当 $\xi=1$ 时，迭代算法式（3-58）与文献[9]中提出的广义 Gerchberg-Papoulis 算法式（3-37）一致。

3.3 基于有限样本的外推算法

3.3.1 外推问题

令 $f(t)$ 为 (a,b,c,d) 线性正则变换域 σ 带限信号,假设已知其有限样本 $f(t_n)$, $n=1,2,\cdots,N$, $t_n \in (-T,T)$,求 $f(t)$ 对于所有 $t \in R$ 的值。即确定一个 (a,b,c,d) 线性正则变换域 σ 带限信号 $\tilde{f}: R \to C$,满足

$$\tilde{f}(t_n) = f(t_n), \quad n=1,2,\cdots,N \tag{3-59}$$

或者确定一个信号 $\tilde{F} \in L^2(-\sigma,\sigma)$,满足

$$\int_{-\sigma}^{\sigma} \tilde{F}(u) \overline{\mathcal{K}}_{(a,b,c,d)}(t_n,u) \, du = f(t_n), \quad n=1,2,\cdots,N \tag{3-60}$$

显然, $\tilde{f}$ 和 $\tilde{F}$ 不是唯一的。为了获得唯一解,需要考虑最小范数解。

3.3.2 外推算法

在文献[13]中,作者基于再生核理论和投影定理提出了上述外推问题的最小范数解

$$\tilde{f}_{\min}(t) = \sum_{n=1}^{N} c_n h(t,t_n) \tag{3-61}$$

$C = [c_1, c_2, \cdots, c_N]^T$ 由下式决定

$$C = \mathcal{M}^{-1} f \tag{3-62}$$

$\mathcal{M}$ 是一个 $N \times N$ 维矩阵,其第 (m,n) 个元素为 $h(t_m,t_n)$, $f = [f(t_1), f(t_2), \cdots, f(t_N)]^T$, $h(t_m,t_n)$ 具有与式(3-48)相同的形式。

此外，在文献[13]中还提出了以下迭代算法来获得上述外推问题的最小范数解

$$\begin{cases} \tilde{f}^0(t) = 0 \\ \tilde{f}^{J+1}(t) = \tilde{f}^J(t) + \xi \sum_n h(t,t_n)(f(t_n) - \tilde{f}^J(t_n)) \end{cases} \quad (3\text{-}63)$$

其中，$0 < \xi < (2\pi b)/(\sigma N)$。

接下来，将从Hilbert空间算子理论的角度证明上述两种算法可以统一。

1. 方法1

由于给定的采样点 t_n 不同，故 $\mathcal{K}_{(a,b,c,d)}(t_n,u)$ 线性无关，那么用引理2可以计算出外推问题的最小范数解 $\tilde{F}_{\min}$。为此，令 $y_n(u) = \mathcal{K}_{(a,b,c,d)}(t_n,u)$，$u_n = f(t_n)$，$\mathcal{J}$ 的第 (k,m) 个元素如下

$$\begin{aligned} \mathcal{J}_{km} &= \langle y_m, y_k \rangle \\ &= \int_{-\sigma}^{\sigma} \mathcal{K}_{(a,b,c,d)}(t_m,u)\overline{\mathcal{K}_{(a,b,c,d)}(t_k,u)} \mathrm{d}u \\ &= h(t_k,t_m), \quad 1 \leqslant k, \ m \leqslant N \end{aligned} \quad (3\text{-}64)$$

其中，$h(t_k,t_m)$ 具有与式（3-48）相同的形式。这样，$\tilde{F}_{\min}$ 可以通过下式计算

$$\tilde{F}_{\min}(u) = \sum_{n=1}^{N} a_n \mathcal{K}_{(a,b,c,d)}(t_n,u) \quad (3\text{-}65)$$

其中，$a_n (n=1,2,\cdots,N)$ 可由下式得到

$$\sum_{m=1}^{N} a_m m h(t_n,t_m) = f(t_n) \quad (3\text{-}66)$$

令

第3章 连续线性正则变换域带限信号外推

$$\tilde{f}_{\min}(t) = \int_{-\sigma}^{\sigma} \tilde{F}_{\min}(u)\overline{\mathcal{K}}_{(a,b,c,d)}(t,u)\mathrm{d}u$$
$$= \sum_{n=1}^{N} a_n h(t,t_n) \tag{3-67}$$

易得出 $\tilde{f}_{\min}$ 是 (a,b,c,d) 线性正则变换域 σ 带限的,并且在已知的采样点 $t_n(n=1,2,\cdots,N)$ 处具有与 f 相同的值。即 $\tilde{f}_{\min}$ 是 f 的外推估计。由于 $\tilde{f}_{\min}$ 是最小范数解 $\tilde{F}_{\min}$ 的逆线性正则变换,且 $\tilde{F}_{\min}$ 满足

$$\int_{-\sigma}^{\sigma} \tilde{F}_{\min}(u)\overline{\mathcal{K}}_{(a,b,c,d)}(t_n,u)\mathrm{d}u = f(t_n), \quad n=1,2,\cdots,N \tag{3-68}$$

由于逆线性正则变换具有能量保持性,因此 $\tilde{f}_{\min}$ 也是 f 最小范数估计。可以得出,算法式(3-67)与文献[13]中提出的外推算法式(3-61)和式(3-62)一致。

2. 方法2

设 S 表示已知采样点的集合 $\{t_n, n=1,2,\cdots,N\}$,定义算子 $A: L^2(-\sigma,\sigma) \to l^2(S)$ 如下

$$(Ax)(t_n) = \int_{-\sigma}^{\sigma} x(u)\overline{\mathcal{K}}_{(a,b,c,d)}(t_n,u)\mathrm{d}u, \quad t_n \in S \tag{3-69}$$

很明显,当 $L^2(-\sigma,\sigma)$ 和 $l^2(S)$ 分别定义为范数 $(\int_{-\sigma}^{\sigma}|x(u)|^2\mathrm{d}u)^{\frac{1}{2}}$ 和 $(\sum_{t_n \in S}|x(t_n)|^2)^{\frac{1}{2}}$ 时,算子 A 是有界的。这样,上述外推问题可以转化为以下问题:求 $\tilde{F} \in L^2(-\sigma,\sigma)$,使得下式成立

$$A\tilde{F} = f(t_n), \quad t_n \in S \tag{3-70}$$

从 Parseval 公式可以看出,最小范数外推对应于最小化 $\|\tilde{F}\|_2$,$\tilde{F}$ 满足式(3-70)。现在可以通过引理1来求解式(3-70)。为此,首先需要计算 A

的伴随算子 A^*。算子 A^*：$l^2(S) \to L^2(-\sigma,\sigma)$ 为

$$(A^* y)(u) = \sum_{t_n \in S} y(t_n) \mathcal{K}_{(a,b,c,d)}(t_n, u), u \in (-\sigma, \sigma) \tag{3-71}$$

因此由引理 1 得，式（3-72）中的迭代算法收敛到式（3-70）的最小范数解 $\tilde{F}_{\min}$

$$\begin{cases} \tilde{F}^0(u) = 0 \\ \tilde{F}^J(u) = \tilde{F}^{J-1}(u) + \xi A^*[f(t_n) - A\tilde{F}^{J-1}(t_n)] \end{cases} \tag{3-72}$$

因此，$\int_{-\sigma}^{\sigma} \tilde{F}^J(u) \overline{\mathcal{K}}_{(a,b,c,d)}(t,u) \mathrm{d}u (t \in R)$ 收敛到 f 的最小范数外推估计 $\tilde{f}_{\min}$。

如果令

$$\tilde{f}^J(t) = \int_{-\sigma}^{\sigma} \tilde{F}^J(u) \overline{\mathcal{K}}_{(a,b,c,d)}(t,u) \mathrm{d}u, t \in R \tag{3-73}$$

则式（3-72）可以表示为

$$\begin{cases} \tilde{f}^0(t) = 0 \\ \tilde{f}^J(t) = \tilde{f}^{J-1}(t) + \xi \sum_{t_n \in S} [f(t_n) - \tilde{f}^{J-1}(t_n)] h(t, t_n) \end{cases} \tag{3-74}$$

可以验证 $\|A^* A\| = (N\sigma)/(\pi b)$，因此 ξ 满足 $0 < \xi < (2\pi b)/(N\sigma)$。则式（3-74）收敛到 $f(t)(t \in R)$。式（3-74）与文献[13]中提出的算法式（3-63）一致。

参考文献

[1] L. Landweber. An Iteration Formula for Fredholm Integral Equation of the First Kind[J]. Am. J. Math., 1951, 73:615-624.

[2] D. Luemberger. Optimization by Vector Space Methods[M]. New York: Wiley, 1969.

[3] J. L. C. Sanz, T. S. Huang. A Unified Approach to Noniterative Linear Signal Restoration[J]. IEEE Trans. Acoust., Speech, Signal Process, 1984, ASSP-32 (2):403-409.

[4] D. Slepian, H. O. Pollak. Prolate Spheroidal Wave Functions, Fourier Analysis and Uncertainty-I[J]. Bell Syst. Tech. J., 1961, 40: 43-63.

[5] A. Papoulis. A New Algorithm in Spectral Analysis and Band-limited Extrapolation[J]. IEEE Trans. Circuits Syst., Scp. 1975, CAS-22(9): 735-742.

[6] R. W. Gerchberg. Super Resolution Through Error Energy Reduction[J]. Opt. Acta., 1974, 21(9): 709-720.

[7] R. W. Gerchberg, W. O. Saxton. A Practical Algorithm for the Determination of the Phase From Image and Diffraction Plane Pictures[J]. Optik, 1972, 35(2): 237-246.

[8] J. R. Fienup. Phase Retrieval Algorithms: A Comparison[J]. Appl. Opt, Aug. 1982, 21(15): 2758-2769.

[9] J. Shi, X. J. Sha, Q. Y. Zhang, N. T. Zhang. Extrapolation of Bandlimited Signals in Linear Canonical Transform Domain[J]. IEEE Trans. Signal Process, 2012, 60 (3): 1502-1508.

[10] C. L. Rino. The Application of Prolate Spheroidal Wave Functions to the

Detection and Estimation of Band-limited Signals[J]. Proceedings of the IEEE, 1970: 248-249.

[11] X. G. Xia. On Bandlimited Signals with Fractional Fourier Transform[J]. IEEE Signal Process., 1996, 3(3):72-74.

[12] H. Zhao, Q. W. Ran, J. Ma, L. Y. Tan. Generalized Prolate Spheroidal Wave Functions Associated with Linear Canonical Transform[J]. IEEE Trans. Signal Process, 2010,58(6):3032-3041.

[13] H. Zhao, Q. W. Ran, L. Y. Tan, J. Ma. Reconstruction of Bandlimited Signals in Linear Canonical Transform Domain From Finite Nonuniformly Spaced Samples[J]. IEEE Signal Process., 2009, 16(12):1047-1050.

第 4 章

离散线性正则变换域带限信号外推

4.1 外推问题

假设 $f(n)$ $(-\infty \leqslant n \leqslant \infty)$ 是 (a,b,c,d) 线性正则变换域 σ 带限的,已知观测向量

$$g(n) = f(n), |n| \leqslant N \tag{4-1}$$

问题是外推 $f(n)$ 在 $\{-N,\cdots,N\}$ 之外的值。

令 $\mathcal{S} = \{S_{n,m}\}$ 表示 $(2N+1) \times \infty$ 矩阵算子

$$S_{n,m} = \begin{cases} 1, & n = m(-N \leqslant n,\ m \leqslant N) \\ 0, & \text{其他} \end{cases} \tag{4-2}$$

可见,$\mathcal{S}$ 从无限长向量中选择 $2N+1$ 个元素。且算子 $\mathcal{S}^{\mathrm{T}} = \mathcal{S}^{\mathrm{H}}$ 用零外推 $2N+1$ 长向量。这里上标 T 和 H 分别表示转置和共轭转置。

令 $\mathcal{L} = \{L_{n,m}\}$ 表示 $\infty \times \infty$ 矩阵算子

$$L_{n,m} = G_{(a,b,c,d)}(n,m), n = 0, \pm 1, \pm 2, \cdots;\ m = 0, \pm 1, \pm 2, \cdots \quad (4-3)$$

$G_{(a,b,c,d)}(n,m)$ 为[1]

$$G_{(a,b,c,d)}(n,m) = \frac{\sigma}{\pi b} e^{\frac{ia}{2b}(m^2-n^2)} \frac{\sin[\sigma(n-m)/b]}{\sigma(n-m)/b} \quad (4-4)$$

不难看出，$\mathcal{L}$ 是一个托普利兹矩阵，表示一个通带为 $|u| < \sigma$ 的线性正则变换域低通滤波器。可见，算子 $\mathcal{L}$ 满足条件 $\mathcal{L}^2 = \mathcal{L}$ 且 $\mathcal{L} = \mathcal{L}^H$。且有

$$\left\langle G_{(a,b,c,d)}(t,m), G_{(a,b,c,d)}(t,n) \right\rangle = G_{(a,b,c,d)}(n,m) \quad (4-5)$$

令 $\tilde{\mathcal{L}} = \{\tilde{L}_{n,m}\}$ 表示 $(2N+1) \times (2N+1)$ 矩阵算子

$$\tilde{L}_{n,m} = L_{n,m} = G_{(a,b,c,d)}(n,m),\ -N \leqslant n,\ m \leqslant N \quad (4-6)$$

显然，$\tilde{\mathcal{L}} = \mathcal{S L S}^T$ 是厄米特正定矩阵。

现在，令 g 表示 $(2N+1) \times 1$ 维观测向量，f 表示无穷维向量 $f(n)$ ($-\infty \leqslant n \leqslant \infty$)。根据上面给出的符号，有 $g = \mathcal{S}f$。另外，既然 f 是 (a,b,c,d) 线性正则变换域 σ 带限的，则必须满足 $\mathcal{L}f = f$，因此有

$$g = \mathcal{S L} f = \varepsilon f \quad (4-7)$$

这里 $\varepsilon = \mathcal{S L}$。因此，外推问题转换为在给定有限观测向量 g 的情况下，求无穷维向量 f 的估计的问题。

定理1：式（4-7）的最小范数最小二乘解是所考虑外推问题的可接受的估计。

证明：设 $\hat{f}$ 为式（4-7）的最小二乘解。即 $\hat{f}$ 使得式（4-8）最小。

$$\left\| g - \varepsilon \hat{f} \right\|^2 = \left(g - \mathcal{SL}\hat{f} \right)^{\mathrm{H}} \left(g - \mathcal{SL}\hat{f} \right) \tag{4-8}$$

因为 $\mathcal{L}^2 = \mathcal{L}$,如果 $\hat{f}$ 是最小二乘解,那么 $\hat{f}_L = \mathcal{L}\hat{f}$ 也是最小二乘解。由于低通滤波后的序列 $\hat{f}_L$ 的范数小于或等于原序列 $\hat{f}$ 的范数,即

$$\left\| \hat{f}_L \right\|^2 = \int_{-\pi b}^{\pi b} \left| \hat{F}_{L,(a,b,c,d)}(\mu) \right|^2 \mathrm{d}u = \int_{-\sigma}^{\sigma} \left| \hat{F}_{(a,b,c,d)}(\mu) \right|^2 \mathrm{d}u$$

$$\leqslant \int_{-\pi b}^{\pi b} \left| \hat{F}_{(a,b,c,d)}(\mu) \right|^2 \mathrm{d}u = \left\| \hat{F} \right\|^2 \tag{4-9}$$

因此,最小范数最小二乘解 $f^\dagger$ 必须满足 $\mathcal{L}f^\dagger = f^\dagger$,这说明 $f^\dagger$ 是 (a,b,c,d) 线性正则变换域带限信号。

另外,对于式(4-7)的任何最小范数最小二乘解 $f^\dagger$,由于它是最小二乘解,故必须满足[2]

$$\mathcal{LS}^{\mathrm{T}} \mathcal{SL} f^\dagger = \mathcal{LS}^{\mathrm{T}} g \tag{4-10}$$

用 $\mathcal{S}$ 同乘上式左右两边,结合等式 $\tilde{\mathcal{L}} = \mathcal{SLS}^{\mathrm{T}}$,可得 $\tilde{\mathcal{L}}\mathcal{S}f^\dagger = \tilde{\mathcal{L}}g$。由于 $\tilde{\mathcal{L}}$ 是厄米特正定的,因此存在一个矩阵 $\tilde{\mathcal{L}}^{-1}$ 使得 $\tilde{\mathcal{L}}\tilde{\mathcal{L}}^{-1} = \tilde{\mathcal{L}}^{-1}\tilde{\mathcal{L}} = I$,$I$ 是单位矩阵。这表明最小范数最小二乘解 $f^\dagger$ 是所考虑外推问题的可接受的估计。

4.2 外推算法 1

定理 2:第 4.1 节给出的外推问题中的 f 的最小范数最小二乘外推估计 $f^\dagger$ 可以由下面两个公式得到

$$f^{\dagger}(n) = \sum_{k=0}^{2N} a_k v_k(n) \tag{4-11}$$

$$a_k = \sum_{m=-N}^{N} \frac{1}{\lambda_k} g(m) v_k^*(m) \tag{4-12}$$

其中，$v_k = [\cdots, v_k(-1), v_k(0), v_k(1), \cdots]$ 是离散广义扁长椭球波序列（DGPSS）[3]，λ_k 是其相应的特征值。

证明：考虑以下两个特征值问题

$$\mathcal{E}^{\mathrm{H}} \mathcal{E} v_k = \mathcal{L}^{\mathrm{H}} S^{\mathrm{T}} S \mathcal{L} v_k = \lambda_k v_k \tag{4-13}$$

$$\mathcal{E} \mathcal{E}^{\mathrm{H}} u_k = S \mathcal{L} S^{\mathrm{T}} u_k = \tilde{\mathcal{L}} u_k = \lambda_k u_k \tag{4-14}$$

其中 $k = 0, 1, 2, \cdots, 2N$，v_k 和 u_k 分别是 $\infty \times 1$ 维和 $(2N+1) \times 1$ 维向量。

由于 $\tilde{\mathcal{L}}$ 是厄米特正定矩阵，其所有特征值 $\lambda_k > 0$，且特征向量 u_k 满足正交归一化条件

$$u_k^{\mathrm{H}} u_l = \delta_{k,l} \tag{4-15}$$

对于每个特征向量 u_k，存在一个 (a,b,c,d) 带限向量满足式（4-13）

$$v_k = \frac{1}{\sqrt{\lambda_k}} \mathcal{L} S^{\mathrm{T}} u_k \tag{4-16}$$

这是因为

$$\mathcal{L}^{\mathrm{H}} S^{\mathrm{T}} S \mathcal{L} v_k = \mathcal{L}^{\mathrm{H}} S^{\mathrm{T}} S \mathcal{L} \left(\frac{1}{\sqrt{\lambda_k}} \mathcal{L} S^{\mathrm{T}} u_k \right) = \frac{1}{\sqrt{\lambda_k}} \mathcal{L} S^{\mathrm{T}} \tilde{\mathcal{L}} u_k = \lambda_k v_k \tag{4-17}$$

上式第二步可由 $\mathcal{L}^2 = \mathcal{L}$ 和 $\tilde{\mathcal{L}} = S \mathcal{L} S^{\mathrm{T}}$ 得到。将式（4-16）的两边乘以 S 并结合式（4-14）可以得到

$$u_k = \frac{1}{\sqrt{\lambda_k}} S v_k \tag{4-18}$$

此外，通过 u_k 的正交性条件式（4-15），很容易看出 v_k 也是正交的，

即

$$v_k^H v_l = \left(\frac{1}{\sqrt{\lambda_k}}\mathcal{L}\mathcal{S}^T u_k\right)^H \left(\frac{1}{\sqrt{\lambda_l}}\mathcal{L}\mathcal{S}^T u_l\right)$$

$$= \frac{1}{\sqrt{\lambda_k}}\frac{1}{\sqrt{\lambda_l}} u_k^H \tilde{\mathcal{L}} u_l = \delta_{k,l} \quad (4\text{-}19)$$

因此，通过奇异值分解，$\mathcal{E}$ 的广义逆矩阵 $\mathcal{E}^\dagger$ 可以表示为

$$\mathcal{E}^\dagger = \sum_{k=0}^{2N} \frac{1}{\sqrt{\lambda_k}} v_k u_k^H \quad (4\text{-}20)$$

此外，$\mathcal{E}^H$ 可以表示为

$$\mathcal{E}^H = \sum_{k=0}^{2N} \sqrt{\lambda_k} v_k u_k^H \quad (4\text{-}21)$$

实际上，虽然 $\tilde{\mathcal{L}}$ 是正定的，但当观测向量维数增加时，它会变得越来越病态。因此，有必要考虑可以获得稳定的外推估计的其他方法。以下定理可以迭代获得最小范数最小二乘外推估计。

4.3 外推算法 2

定理 3：迭代算法

$$f_0 = 0$$
$$f_{J+1} = f_J + \theta \mathcal{E}^H (g - Sf_J) \quad (4\text{-}22)$$

收敛到最小范数最小二乘外推估计 $f^\dagger$。这里 $\mathbf{0}$ 表示零向量，θ 满足条件 $0 < \theta < 2\pi b/[\sigma(2N+1)]$。

证明：首先证明误差 $f^\dagger - f_J$ 为

$$f^\dagger - f_J = \sum_{k=0}^{2N} a_k (1-\theta\lambda_k)^J v_k \quad (4-23)$$

这里 a_k，λ_k 和 v_k 同定理 2。对于 $J=1$，由 $g = \mathcal{S}f^\dagger$，有

$$f^\dagger - f_1 = f^\dagger - \theta\mathcal{E}^H Sf^\dagger = \sum_{k=0}^{2N} a_k v_k - \theta \times \left(\sum_{j=0}^{2N} \sqrt{\lambda_j} v_j u_j^H\right) \times \left(\sum_{k=0}^{2N} a_k \sqrt{\lambda_k} v_k u_k\right) \quad (4-24)$$

由 u_k 的正交性，有

$$f^\dagger - f_1 = \sum_{k=0}^{2N} a_k v_k - \theta \times \sum_{k=0}^{2N} a_k \lambda_k v_k = \sum_{k=0}^{2N} a_k (1-\theta\lambda_k) v_k \quad (4-25)$$

假设对于 J 时式（4-23）成立，类似于 $J=1$ 时的证明，有

$$f^\dagger - f_{J+1} = f^\dagger - f_J - \theta\mathcal{E}^H S\left(f^\dagger - f_J\right) = \sum_{k=0}^{2N} a_k (1-\theta\lambda_k)^{J+1} v_k \quad (4-26)$$

因为 $\tilde{\mathcal{L}}$ 是厄米特正定矩阵且其秩为 $(2N+1)\sigma/(\pi b)$，因此有 $0 < \lambda_k < (2N+1)\sigma/(\pi b)(k=0,1,\cdots,2N)$，又因为 $0 < \theta < (2\pi b)/\sigma(2N+1)$，所以有 $|1-\theta\lambda_k|<1$。综上，当 J 趋于无穷时，f_J 趋于 $f^\dagger$。

注意，我们的算法将文献[4]中提出的基于傅里叶变换的算法推广到了线性正则变换的情况，并将[5-7]中提出的用于连续信号的算法扩展到了离散序列。

图 4-1 给出了验证所提算法有效性的仿真结果。原始信号 $f(n) = e^{in^2/5}$ $\mathrm{sinc}(n/5)$ 是（1,2.5,0.2,0.5）线性正则变换域 0.5 带限的，已知观察范围是 $-8 \leqslant n \leqslant 8$，空心圆圈和实心圆点分别表示通过式（4-11）和式（4-22）获得的外推估计。

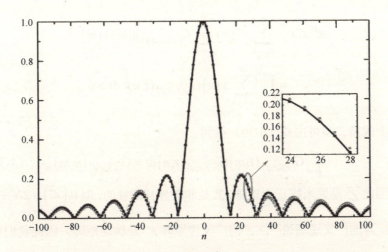

图 4-1　基于定理 2 和定理 3 的离散线性正则变换域带限信号外推估计

4.4　外推算法 3

定理 4：第 4.1 节给出的外推问题中的 f 的最小范数最小二乘外推估计 $f^\dagger$ 可以由下面的公式得到

$$f^\dagger = \mathcal{L}\mathcal{S}^T\tilde{\mathcal{L}}^{-1}g \tag{4-27}$$

证明：显然 $\tilde{\mathcal{L}} = \mathcal{SLS}^T$，因此有

$$\mathcal{EE}^H = \mathcal{SLL}^H\mathcal{S}^H = \mathcal{SLS}^T = \tilde{\mathcal{L}} \tag{4-28}$$

且秩 $R(\mathcal{E}) = R(\mathcal{EE}^H) = R(\tilde{\mathcal{L}})$。因为 $\tilde{\mathcal{L}}$ 是厄米特矩阵，且对于任意非零向量 x，有

$$x^H \tilde{\mathcal{L}} x = \sum_{n=-N}^{N} x^*(n) \sum_{n=-N}^{N} G_{(a,b,c,d)}(n,m) x(m)$$
$$= \int_{-\infty}^{\infty} \left| \sum_{n=-N}^{N} x(n) G_{(a,b,c,d)}(t,n) \right|^2 dt > 0 \qquad (4-29)$$

上式第二步可由式（4-30）得到

$$\int_{-\infty}^{\infty} G_{(a,b,c,d)}(t,m) G^*_{(a,b,c,d)}(t,n) dt = G_{(a,b,c,d)}(n,m) \qquad (4-30)$$

因此 $\tilde{\mathcal{L}}$ 是厄米特正定矩阵，其是非奇异且满秩的，即 $R(\tilde{\mathcal{L}}) = 2N+1$。根据矩阵的广义逆理论[2]，$\mathcal{E}$ 的广义逆矩阵 $\mathcal{E}^\dagger$ 是伪逆矩阵，因此我们有

$$\mathcal{E}^\dagger = \mathcal{L} \mathcal{S}^T \tilde{\mathcal{L}}^{-1} \qquad (4-31)$$

则最小范数最小二乘估计可以表示为

$$f^\dagger = \mathcal{E}^\dagger g = \mathcal{L} \mathcal{S}^T \tilde{\mathcal{L}}^{-1} g \qquad (4-32)$$

注意，定理 4 给出的外推算法需要首先求解 $2N+1$ 个托普利兹方程

$$\sum_{m=-N}^{N} G_{(a,b,c,d)}(n,m) x(m) = g(n), n \in \{-N, \cdots, N\} \qquad (4-33)$$

由式（4-33）可以得到 $x(m)(m=-N,\cdots,N)$，然后利用线性正则变换域低通滤波序列 $\mathcal{S}^T\{x(m)\}$ 来获得外推估计

$$f^\dagger(n) = \sum_{m=-N}^{N} G_{(a,b,c,d)}(n,m) x(m),$$
$$n \in \{-\infty, \cdots, -(N+1)\} \cup \{(N+1), \cdots, \infty\} \qquad (4-34)$$

图 4-2 给出了验证定理 4 所提算法有效性的仿真结果。图 4-2(a)和(b)分别为原信号 f 及其 $(a,b,c,d)=(0.5,2,-0.25,1)$ 线性正则变换 $F_{(0.5,2,-0.25,1)}(u)$。$F_{(0.5,2,-0.25,1)}(u)$ 在 $u \in [-0.5, 0.5]$ 区间内取值为 $e^{iu^2/4}$，在其他区间取值为零。

图4-2(c)为已知区间 $-8 \leqslant n \leqslant 8$ 内的观测向量。图4-2(d)为通过定理4获得的 f 的外推估计 $f^{\dagger}$。通过计算得到，所得外推估计 $f^{\dagger}$ 与原信号 f 的归一化均方误差（NMSE）为 1.33×10^{-16}。

$$\text{NMSE} = \frac{\|f^{\dagger} - f\|^2}{\|f\|^2} \qquad (4\text{-}35)$$

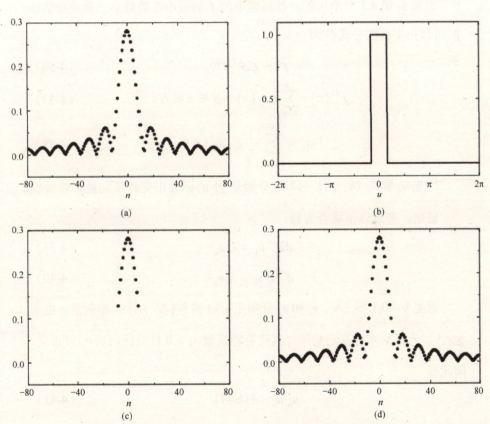

图4-2 基于定理4的离散线性正则变换域带限信号外推

4.5　外推算法 4

定理 5：第 4.1 节给出的外推问题中的 f 的最小范数最小二乘外推估计 $f^\dagger$ 可以由下面的公式得到

$$f^\dagger = \mathcal{L}\mathcal{S}^\mathrm{T} f^\Omega \tag{4-36}$$

$$f^\Omega(n) = \sum_{k=0}^{2N} a_k u_k(n), -N \leqslant n \leqslant N \tag{4-37}$$

$$a_k = \sum_{m=-N}^{N} \frac{1}{\lambda_k} g_{(m)} u_k^*(m) \tag{4-38}$$

这里 u_k 和 λ_k $(k=0,1,\cdots,2N)$ 分别是 $\tilde{\mathcal{L}}$ 的标准正交特征向量和特征值。

证明：考虑以下耦合方程

$$\mathcal{E}\mathcal{E}^\mathrm{H} u_k = \lambda_k u_k \tag{4-39}$$

$$\mathcal{E}^\mathrm{H} \mathcal{E} v_k = \lambda_k v_k \tag{4-40}$$

这里 $k=0,1,\cdots,2N$，v_k 和 u_k 分别是 $\infty \times 1$ 维和 $(2N+1) \times 1$ 维向量。由于 $\mathcal{E}\mathcal{E}^\mathrm{H} = \tilde{\mathcal{L}}$ 是厄米特正定矩阵，其所有特征值 $\lambda_k > 0$ 且特征向量 u_k 可正交。因此有

$$u_k^\mathrm{H} u_l = \delta(k-l) \tag{4-41}$$

令

$$v_k = \frac{1}{\sqrt{\lambda_k}} \mathcal{L}\mathcal{S}^\mathrm{T} u_k \tag{4-42}$$

第 4 章 离散线性正则变换域带限信号外推

则

$$\mathcal{E}^H \mathcal{E} v_k = \mathcal{L}^H \mathcal{S}^T \mathcal{S} \mathcal{L} \left(\frac{1}{\sqrt{\lambda_k}} \mathcal{L} \mathcal{S}^T u_k \right) = \frac{1}{\sqrt{\lambda_k}} \mathcal{L} \mathcal{S}^T \left(\mathcal{E} \mathcal{E}^H \right) u_k = \lambda_k u_k \quad (4\text{-}43)$$

由 u_k 的正交性很容易得出 v_k 也是正交的,即

$$\begin{aligned} v_k^H v_l &= \left(\frac{1}{\sqrt{\lambda_k}} \mathcal{L} \mathcal{S}^T u_k \right)^H \left(\frac{1}{\sqrt{\lambda_l}} \mathcal{L} \mathcal{S}^T u_l \right) \\ &= \frac{1}{\sqrt{\lambda_k}} \frac{1}{\sqrt{\lambda_l}} u_k^H \left(\mathcal{E} \mathcal{E}^H \right) u_l = \delta(k-l) \end{aligned} \quad (4\text{-}44)$$

因此,由奇异值分解和式 (4-42) 可得, $\mathcal{E}$ 的广义逆 $\mathcal{E}^\dagger$ 可以表示为

$$\mathcal{E}^\dagger = \sum_{k=0}^{2N} \frac{1}{\sqrt{\lambda_k}} v_k u_k^H = \sum_{k=0}^{2N} \frac{1}{\lambda_k} \mathcal{L} \mathcal{S}^T u_k u_k^H \quad (4\text{-}45)$$

综上,最小范数最小二乘外推估计 $f^\dagger = \mathcal{E}^\dagger g$ 可以由式 (4-36) 到式 (4-38) 求得。

要得到定理 5 给出的外推算法需要经过以下步骤。

(1) 确定 $2N+1$ 个特征向量 u_k 和它的奇异值 λ_k。

(2) 确定 f^Ω 的 $2N+1$ 个元素。

(3) 在线性正则变换域中低通滤波时限序列 $\mathcal{S} f^\Omega$。

仍然考虑图 4-2(a) 所示的 $(0.5, 2, -0.25, 1)$ 带限信号 f。图 4-3 给出了其基于定理 5 的外推估计 $f^\dagger$,计算得到估计 $f^\dagger$ 与原信号 f 的 NMSE 为 3.75×10^{-16}。

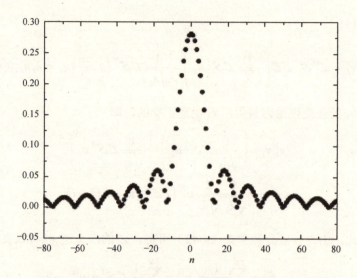

图 4-3　基于定理 5 的离散线性正则变换域带限信号外推

4.6　外推算法 5

定理 6：与 Papoulis[8]给出的适用于傅里叶变换的迭代算法类似，下面的迭代算法也可用于获得离散 (a,b,c,d) 带限信号的最小范数最小二乘外推估计。

首先，(a,b,c,d) 带限信号 f 的已知观测向量 $g_0 = g$，并令 f_1 表示其结果 $B^\sigma_{(a,b,c,d)}g_0$。因此有

第4章 离散线性正则变换域带限信号外推

$$f_1(m) = \int_{-\sigma}^{\sigma} \left[\sum_{n=-N}^{N} g_0(n) \mathcal{K}_{(a,b,c,d)}(n,u) \right] \mathcal{K}_{(a,b,c,d)}^*(m,u) \mathrm{d}u$$
$$= \sum_{n=-N}^{N} g_0(n) G_{(a,b,c,d)}(m,n) \tag{4-46}$$

然后用 f 的已知观测向量 g_0 替换 f_1 在 $\{-N,\cdots,N\}$ 区间内的元素，得到

$$g_1 = f_1 + (f - f_1) T_N(n) \tag{4-47}$$

这里 $T_N(n)$ 的定义为

$$T_N(n) \begin{cases} 1, |n| \leqslant N \\ 0, |n| > N \end{cases} \tag{4-48}$$

类似地，第 J 次迭代步骤如下。(a,b,c,d) 带限 g_{J-1} 获得 f_J

$$f_J(m) = \sum_{n=-\infty}^{\infty} g_{J-1}(n) G_{(a,b,c,d)}(m,n) \tag{4-49}$$

第 J 次迭代步骤结束时得到如下信号

$$g_J = f_J + (f - f_J) T_N(n) \tag{4-50}$$

值得注意的是，信号 f_J 是 (a,b,c,d) 带限的，并且可以看成是当输入为 g_{J-1} 时，理想线性正则变换域低通滤波器的输出。图 4-4 为迭代方法示意图。在迭代开始时，左开关闭合，g_0 被送到线性正则变换域理想低通滤波器中；此后此开关保持打开状态。对于 $|n| \leqslant N$ 和 $|n| > N$，右开关分别在位置 K 和 L 之间交替。第 J 次迭代的输出 g_J 或 f_J 是 f 的外推估计。

下面证明当 J 趋于无穷大时，误差 $e_J = f^\dagger - f_J$ 趋于零，即第 J 次迭代的 f_J 收敛到最小范数最小二乘外推估计 $f^\dagger$。

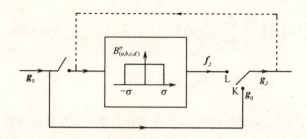

图 4-4 离散线性正则变换域带限信号外推的迭代方法示意图

将关系式（4-51）代入到 $\mathcal{E}$ 的广义逆 $\mathcal{E}^{\dagger}$ 的表达式中

$$u_k = \frac{1}{\sqrt{\lambda_k}} \mathcal{S} v_k \tag{4-51}$$

可得

$$f^{\dagger} = \mathcal{E}^{\dagger} g = \left[\sum_{k=0}^{2N} \frac{1}{\sqrt{\lambda_k}} v_k \left(\frac{1}{\sqrt{\lambda_k}} \mathcal{S} v_k \right)^{\mathrm{H}} \right] g = \sum_{k=0}^{2N} b_k v_k \tag{4-52}$$

式中，$b_k = \sum_{m=-n}^{N} (1/\lambda_k) g(m) v_k^*(m)$，$v_k$ 是 DGPSS，λ_k 是相对应的特征值。令 v_k^J 表示第 J 次迭代得到的 v_k 的估计，根据算子 $B_{(a,b,c,d)}^{\sigma}$ 的线性性质得，第 J 次迭代得到的 $f^{\dagger}$ 的估计 $f_J^{\dagger}$ 可以写成

$$f_J^{\dagger} = \sum_{k=0}^{2N} b_k v_k^J \tag{4-53}$$

下面用归纳法证明

$$v_k^J = \left[1 - (1-\lambda_k)^J \right] v_k \tag{4-54}$$

对于 $J=1$，由 DGPSS 的定义和式（4-49）可得 $v_k^1 = \lambda_k v_k$。现在假设式（4-54）对于 J 成立，则有

$$v_k^J + (v_k - v_k^J)T_N(n) = \left[1-(1-\lambda_k)^J\right]v_k + (1-\lambda_k)^J v_k T_N(n) \quad (4\text{-}55)$$

将式（4-55）代入式（4-49），有

$$\begin{aligned}v_k^{J+1}(m) &= \sum_{-\infty}^{\infty}\left[1-(1-\lambda_k)^J\right]v_k(n)G_{(a,b,c,d)}(n,m) \\ &\quad + \sum_{-N}^{N}(1-\lambda_k)^J v_k(n)G_{(a,b,c,d)}(n,m) \\ &= \left[1-(1-\lambda_k)^J\right]v_k(m) + (1-\lambda_k)^J \lambda_k v_k(m) \\ &= \left[1-(1-\lambda_k)^{J+1}\right]v_k(m)\end{aligned} \quad (4\text{-}56)$$

即式（4-54）在 $J+1$ 时成立。

将式（4-54）代入式（4-53），并利用 $f^\dagger$ 的展开式（4-52），可以将误差 e_J 写为

$$e_J = \sum_{k=0}^{2N} b_k (1-\lambda_k)^J v_k \quad (4\text{-}57)$$

其能量 E_J 为

$$E_J = e_J^H e_J = \sum_{k=0}^{2N}|b_k|^2 |1-\lambda_k|^2 \quad (4\text{-}58)$$

又因为 $f^\dagger$ 的能量 $E = \sum_{k=0}^{2N}|b_k|^2$ 有限，且 $0 < 1-\lambda_k \leqslant 1-\lambda_{2N} < 1$，则有

$$E_J \leqslant |1-\lambda_{2N}|^{2J} E \to 0, \quad J \to \infty \quad (4\text{-}59)$$

注意，e_J 是 (a,b,c,d) 线性正则变换域 σ 带限的，因此

$$|e_J(n)| = \left| \int_{-\sigma}^{\sigma} \tilde{e}_{J,(a,b,c,d)}(u) \mathcal{K}^*_{(a,b,c,d)}(n,u) du \right|$$

$$\leqslant \left(\int_{-\sigma}^{\sigma} \left| \tilde{e}_{J,(a,b,c,d)}(u) \right|^2 du \right)^{\frac{1}{2}} \left(\int_{-\sigma}^{\sigma} \frac{1}{2\pi b} du \right)^{\frac{1}{2}} \qquad (4\text{-}60)$$

$$= \sqrt{\frac{E_J \sigma}{\pi b}}$$

式中，$\tilde{e}_{J,(a,b,c,d)}(u)$ 是 e_J 的 (a,b,c,d) 线性正则变换。综上，第 J 次迭代的外推估计 $f_J^\dagger$ 收敛到最小范数最小二乘估计 $f^\dagger$。而且，由 g_J 和 f_J 的关系可知，g_J 也是收敛的。

仍然考虑图 4-2(a)所示的 $(0.5, 2, -0.25, 1)$ 带限信号 f。图 4-5 给出了其基于定理 6 的当 $J=1,5,10,20,50$ 时的迭代外推估计 f_J。可见，尽管已知区间只有 $\{-8,\cdots,8\}$，但 f_J 到 f 的收敛速度非常快。

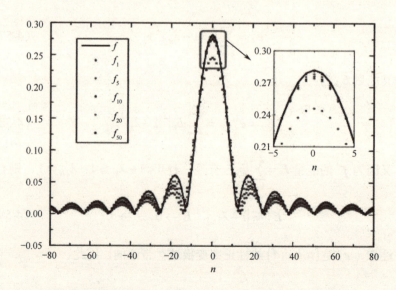

图 4-5 基于定理 6 的离散线性正则变换域带限信号外推

参考文献

[1] H. Zhao, Q. W. Ran, J. Ma, et al. On Bandlimited Signals Associated with Linear Canonical Transform[J]. IEEE Signal Processing Letters, 2009, 16(5):343-345.

[2] C. R. Rao, S. K. Mitra. Generalized Inverse of a Matrix and Its Applications[C]// ICAMS Conference, 1972.

[3] H. Zhao, R. Wang, D. Song, et al. Maximally Concentrated Sequences in both Time and Linear Canonical Transform Domains[J]. Signal, Image and Video Processing, 2014, 8(5):819-829.

[4] A. Jain, S. Ranganath. Extrapolation Algorithms for Discrete Signals with Application in Spectral Estimation[J]. Acoustics Speech & Signal Processing IEEE Transactions on, 1981, 29(4):830-845.

[5] H. Zhao, Q. W. Ran, J. Ma, et al. Generalized Prolate Spheroidal Wave Functions Associated With Linear Canonical Transform[J]. IEEE Transactions on Signal Processing, 2010, 58(6):3032-3041.

[6] H. Zhao, R. Wang, D. Song, et al. An Extrapolation Algorithm for (a,b,c,d)-Bandlimited Signals[J]. IEEE Signal Processing Letters, 2011, 18(12):745-748.

[7] J. Shi, X. J. Sha, Q. Y. Zhang, and N. T. Zhang. Extrapolation of Bandlimited Signals in Linear Canonical Transform Domain[J]. IEEE Trans. Signal Process, 2012, 60(3): 1502-1508.

[8] A. Papoulis. A New Algorithm in Spectral Analysis and Band-limited Extrapolation[J]. IEEE Transactions on Circuits & Systems, 2003, 22(9):735-742.

第 5 章

基于含噪声样本的线性正则变换域带限信号重构

5.1 确定信号分析

5.1.1 重构问题

设 f 是 (a,b,c,d) 线性正则变换域 ω 带限的。已知式（5-1）是其含噪声样本

$$y_n = f(n\tau) + \epsilon_n, \ n = 0, \pm 1, \pm 2, \cdots \tag{5-1}$$

其中 $\tau > 0$ 为采样周期，而 $\epsilon_n (n = 0, \pm 1, \pm 2, \cdots)$ 为加性随机复误差。方便起见，我们假设 $\epsilon_n (n = 0, \pm 1, \pm 2, \cdots)$ 的实部和虚部非相关，且其均值为0，方差为 σ^2。我们的目标是根据含噪声样本 $\epsilon_n (n = 0, \pm 1, \pm 2, \cdots)$ 估计 f。

随机误差的存在迫使我们从统计意义上考虑信号 f 的恢复。同时，

我们假设 f 是平方可积的，则评价估计性能的自然度量指标是均方误差。即，令

$$M(f') = E\int_{-\infty}^{+\infty} |f(t) - f'(t)|^2 \mathrm{d}t \qquad (5\text{-}2)$$

式（5-2）是 f 与其估计值 f' 之间的距离测度。这里 $E(x)$ 表示 x 的均值。注意，$M(f')$ 表示误差信号 $f - f'$ 的平均能量。

5.1.2 重构方案

根据线性正则变换域带限信号的采样定理[1]，f 可以通过其无噪声样本完全地重构出来

$$f(t) = \mathrm{e}^{\frac{\mathrm{j}a}{2b}t^2} \sum_{n=-\infty}^{\infty} f(n\tau)\mathrm{e}^{\frac{\mathrm{j}a}{2b}(n\tau)^2} \mathrm{sinc}[\omega(t-n\tau)/b] \qquad (5\text{-}3)$$

其中，$\tau = \pi b/\omega$，$\mathrm{sinc}(t) = \dfrac{\sin t}{t}$（$t \neq 0$），当 $t = 0$ 时，其值为 1。在含噪声的情况下，如果我们用含噪声样本 $y_n = f(n\tau) + \varepsilon_n$ 代替式（5-3）中的 $f(n\tau)$ 以得到 f 的估计 $\bar{f}$，则其均方误差 $M(\bar{f})$ 为

$$\begin{aligned}
M(\bar{f}) &= \frac{\pi b}{\omega} \sum_{n=-\infty}^{\infty} E|f(n\tau) - y_n|^2 \\
&= \frac{\pi b}{\omega} \sum_{n=-\infty}^{\infty} E\left\{[f^{\mathrm{r}}(n\tau) - y_n^{\mathrm{r}}]^2 + [f^{\mathrm{i}}(n\tau) - y_n^{\mathrm{i}}]^2\right\} \\
&= \frac{\pi b}{\omega} \sum_{n=-\infty}^{\infty} \left\{\mathrm{var}(y_n^{\mathrm{r}}) + \mathrm{var}(y_n^{\mathrm{i}}) + [f^{\mathrm{r}}(n\tau) - E(y_n^{\mathrm{r}})]^2 + [f^{\mathrm{i}}(n\tau) - E(y_n^{\mathrm{i}})]^2\right\} \\
&= 2\frac{\pi b}{\omega} \sum_{n=-\infty}^{\infty} \sigma^2 \to \infty
\end{aligned} \qquad (5\text{-}4)$$

第 5 章 基于含噪声样本的线性正则变换域带限信号重构

这里，$f^r(n\tau)$ 和 y_n^r 分别表示 $f(n\tau)$ 和 y_n 的实部；$f^i(n\tau)$ 和 y_n^i 分别表示 $f(n\tau)$ 和 y_n 的虚部；$\text{var}(x)$ 表示 x 的方差。式（5-4）的第一步由式（5-3）和式（5-5）中序列的正交性得到

$$\left\{ e^{-\frac{ja}{2b}t^2} e^{\frac{ja}{2b}(n\tau)^2} \text{sinc}[\omega(t-n\tau)/b] \right\} \tag{5-5}$$

其最后一步可由以下事实得到：$E(y_n^r) = f^r(n\tau)$，$E(y_n^i) = f^i(n\tau)$ 和 $\text{var}(y_n^r) = \text{var}(y_n^i) = \sigma^2$。式（5-4）表明，我们不能用含噪声样本 y_n 代替式（5-3）中的 $f(n\tau)$ 来获得 f 的估计，因为这会导致出现无穷大的均方误差。换句话说，当样本存在随机噪声时，线性正则变换域带限信号的采样定理不再适用。

下面，我们将给出一个过采样定理，基于此定理，我们可以得到基于含噪声样本的线性正则变换域带限信号重构方案。

定理 1（过采样定理）：令 $H_{(a,b,c,d)}^{\omega}$ 表示 (a,b,c,d) 线性正则变换域 ω 带限信号构成的空间，则式（5-6）中的序列构成空间 $H_{(a,b,c,d)}^{\omega}$ 的正交基。

$$\left\{ b^{-\frac{1}{2}} e^{-\frac{ja}{2b}t^2} \text{sinc}\left[\frac{\pi}{\tau}(t-n\tau)\right], \tau \leqslant \pi b/\omega \right\} \tag{5-6}$$

证明：式（5-7）中的序列构成传统傅里叶变换域 ω 带限信号空间 $H_{(0,1,-1,0)}^{\omega}$ 的正交基[3-5]。

$$\left\{ S_n(t,\tau) = \text{sinc}\left[\frac{\pi}{\tau}(t-n\tau)\right], \tau \leqslant \pi/\omega \right\} \tag{5-7}$$

而且

$$\int_{-\infty}^{\infty} S_n(t,\tau) S_m(t,\tau) \mathrm{d}t = \begin{cases} \tau, & n \neq m \\ 0, & n = m \end{cases} \quad (5\text{-}8)$$

定义酉变换

$$f(t) \mapsto Lf(t) = \mathcal{F}\left\{ b^{\frac{1}{2}} e^{\frac{jab}{2}t^2} f(bt) \right\} \quad (5\text{-}9)$$

变换 L 将空间 $H^{\omega}_{(a,b,c,d)}$ 映射到同构空间 $\mathcal{F}H^{\omega}_{(0,1,-1,0)}$，其中 $\mathcal{F}$ 表示傅里叶变换。L 的逆变换 L^{-1} 为

$$L^{-1} f(t) = b^{-\frac{1}{2}} e^{-\frac{ja}{2b}t^2} \mathcal{F}^{-1}(f)\left(\frac{t}{b}\right) \quad (5\text{-}10)$$

由于傅里叶变换和变换 L 是酉变换，因此 $\{S_n(t,\tau), \tau \leqslant \pi/\omega\}$ 是 $H^{\omega}_{(0,1,-1,0)}$ 的正交基当且仅当式（5-11）是 $H^{\omega}_{(a,b,c,d)}$ 的正交基时成立。

$$L^{-1}\{\mathcal{F}S_n(t,\tau), \tau \leqslant \pi/\omega\} = \left\{ b^{-\frac{1}{2}} e^{-\frac{ja}{2b}t^2} \operatorname{sinc}\left[\frac{\pi}{\tau}(t-n\tau)\right], \tau \leqslant \pi b/\omega \right\} \quad (5\text{-}11)$$

由定理 1 的证明，我们也可以得到以下结论。

定理 2：设信号 $f(t)$ 是 (a,b,c,d) 线性正则变换域 ω 带限的，则 $f(t)$ 的以下过采样展开式成立

$$f(t) = e^{-\frac{ja}{2b}t^2} \sum_{n=-\infty}^{\infty} f(n\tau) e^{\frac{ja}{2b}(n\tau)^2} \operatorname{sinc}\left[\frac{\pi}{\tau}(t-n\tau)\right] \quad (5\text{-}12)$$

其中 $\tau \leqslant \pi b/\omega$ 是采样周期。注意，当 $\tau = \pi b/\omega$ 时，式（5-12）退化为重构公式（5-3）。

证明：因为 $\{S_n(t,\tau), \tau \leqslant \pi/\omega\}$ 构成 $H^{\omega}_{(0,1,-1,0)}$ 的正交基，则任何信号 $g \in H^{\omega}_{(0,1,-1,0)}$ 都可以用 $\{S_n(t,\tau), \tau \leqslant \pi/\omega\}$ 表示为

第 5 章 基于含噪声样本的线性正则变换域带限信号重构

$$g(t) = \sum_{n=-\infty}^{\infty} g(n\tau) \operatorname{sinc}\left[\frac{\pi}{\tau}(t-n\tau)\right], \quad \tau \leqslant \pi/\omega \quad (5\text{-}13)$$

由于变换 L 是双射的,对于任意 $\boldsymbol{f} \in H_{(a,b,c,d)}^{\omega}$,存在 $\boldsymbol{g} \in H_{(0,1,-1,0)}^{\omega}$ 使得

$$\begin{aligned} f(t) &= L^{-1}[\mathcal{F}g](t) \\ &= b^{-\frac{1}{2}} \mathrm{e}^{-\frac{ja}{2b}t^2} g\left(\frac{t}{b}\right) \end{aligned} \quad (5\text{-}14)$$

将式(5-13)代入式(5-14),可以得到式(5-12)。

同样,如果我们用含噪声样本 y_n 代替 $f(n\tau)$ 来获得 $\boldsymbol{f}$ 的估计值 $\tilde{\boldsymbol{f}}$,那么与式(5-4)的计算类似,均方误差 $M(\tilde{\boldsymbol{f}})$ 也是无穷的。这说明过采样重构公式(5-9)在存在噪声的情况下也不适用。但是,基于过采样定理,在不增加复杂度的情况下,我们可以得到基于含噪声样本的线性正则变换域带限信号的如下重构方案。

设式(5-12)是根据噪声样本 y_n 得到的 $\boldsymbol{f}$ 的估计。

$$\hat{f}(t) = \mathrm{e}^{-\frac{ja}{2b}t^2} \sum_{n=-\infty}^{\infty} \theta^{|n|} y_n \mathrm{e}^{\frac{ja}{2b}(n\tau)^2} \operatorname{sinc}\left[\frac{\pi}{\tau}(t-n\tau)\right] \quad (5\text{-}15)$$

其中,$\tau \leqslant \pi b/\omega$,且 $0 < \theta < 1$。类似于式(5-4)的推导过程,其均方误差 $M(\tilde{\boldsymbol{f}})$ 可以计算为

$$\begin{aligned} M(\hat{f}) &= \tau \sum_{n=-\infty}^{\infty} E\left|\theta^{|n|} y_n - f(n\tau)\right|^2 \\ &= \tau \sum_{n=-\infty}^{\infty} \left\{\operatorname{var}(\hat{y}_n^{\mathrm{r}}) + \operatorname{var}(\hat{y}_n^{\mathrm{i}}) + \left[f^{\mathrm{r}}(n\tau) - E(\hat{y}_n^{\mathrm{r}})\right]^2 + \left[f^{\mathrm{i}}(n\tau) - E(\hat{y}_n^{\mathrm{i}})\right]^2\right\} \\ &= 2\tau\sigma^2 \sum_{n=-\infty}^{\infty} \theta^{2|n|} + \tau \sum_{n=-\infty}^{\infty}\left[(1-\theta^{|n|})^2 |f(n\tau)|^2\right] \\ &= A(\hat{f}) + B(\hat{f}) \end{aligned} \quad (5\text{-}16)$$

这里 $\hat{y}_n = \theta^{|n|} y_n$;$f^{\mathrm{r}}(n\tau)$ 和 $\hat{y}_n^{\mathrm{r}}$ 分别表示 $f(n\tau)$ 和 $\hat{y}_n$ 的实部。式(5-16)

的第一步可由式(5-8)和式(5-11)得到,第三步可由以下事实得到

$$\text{var}(\hat{y}_n^{\text{r}}) = \text{var}(\hat{y}_n^{\text{i}}) = \theta^{2|n|}\sigma^2 \tag{5-17}$$

$$E(\hat{y}_n^{\text{r}}) = \theta^{|n|} f^{\text{r}}(n\tau) \tag{5-18}$$

$$E(\hat{y}_n^{\text{i}}) = \theta^{|n|} f^{\text{i}}(n\tau) \tag{5-19}$$

对于 $A(\hat{f})$,由于 $\sum_{n=-\infty}^{\infty} \theta^{2|n|} = (1+\theta^2)/(1-\theta^2)$。因此有

$$A(\hat{f}) = \tau\sigma^2 \frac{1+\theta^2}{1-\theta^2} \tag{5-20}$$

式(5-20)表明,对于每个固定的 $\theta(0<\theta<1)$,$A(\hat{f})$ 趋于 0 当且仅当 τ 趋于 0 时成立。说明在存在随机噪声的情况下,不可能再以线性正则变换域的奈奎斯特采样速率来重构信号。此外,若 θ 与 τ 的关系使得 $\tau/[1-\theta(\tau)]$ 趋于 0,则 $A(\hat{f})$ 趋于 0。

对于 $B(\hat{f})$,由式(5-12)和式(5-8)有

$$\|f\|^2 = \int_{-\infty}^{\infty} |f|^2 \mathrm{d}t = \tau\sum_{-\infty}^{\infty} |f(n\tau)|^2 \tag{5-21}$$

根据 Abel 定理[6],式(5-21)说明式(5-22)中的级数在 $\mathcal{X} \in [0,1]$ 上是一致收敛的

$$\tau\sum_{n=-\infty}^{\infty} \mathcal{X}^{|n|} |f(n\tau)|^2 \tag{5-22}$$

并且当 $\mathcal{X} \to 1^-$ 时,有

$$\tau\sum_{n=-\infty}^{\infty} \mathcal{X}^{|n|} |f(n\tau)|^2 \to \|f\|^2 \tag{5-23}$$

$\mathcal{X} \to 1^-$ 表示 $\mathcal{X}$ 从 1 的左侧收敛到 1。因此,当 $\theta \to 1^-$ 时,有

$$B(\hat{f}) = \tau \sum_{n=-\infty}^{\infty} \left[(1-\theta^{|n|})^2 |f(n\tau)|^2 \right]$$
$$= \|f\|^2 - 2\tau \sum_{n=-\infty}^{\infty} \theta^{|n|} |f(n\tau)|^2 + \tau \sum_{n=-\infty}^{\infty} \theta^{2|n|} |f(n\tau)|^2 \to 0 \quad (5\text{-}24)$$

综上,我们有以下定理。

定理 3:设信号 $f(t)$ 是 (a,b,c,d) 线性正则变换域 ω 带限的,且 $y_n = f(n\tau) + \varepsilon_n \ (n=0,\pm 1, \pm 2, \cdots)$ 是它的含噪声样本,其中 $\tau \leqslant \pi b/\omega$。则式(5-25)中的估计信号在均方误差 $M(\hat{f})$ 趋于 0 的意义下收敛到 $f(t)$

$$\hat{f}(t) = e^{-\frac{ja}{2b}t^2} \sum_{n=-\infty}^{\infty} \theta^{|n|} y_n e^{\frac{ja}{2b}(n\tau)^2} \operatorname{sinc}\left[\frac{\pi}{\tau}(t-n\tau)\right] \quad (5\text{-}25)$$

这里 $\theta = \theta(\tau)$ 满足 $\theta(\tau)$ 趋于 1^- 且 $\tau/[1-\theta(\tau)]$ 趋于 0。

值得注意的是,所提算法首先需要找到一个合适的函数 θ,然后用式(5-25)对含噪声样本 $\{y_n\}$ 进行插值,以得到重构信号。可以证明函数 $\theta = \theta(\tau)$ 满足定理 3 的下列条件

$$\theta(\tau) = 1 - \alpha\tau^{1-\beta}, \ \alpha > 0, \ 0 < \beta < 1 \quad (5\text{-}26)$$

$$\theta(\tau) = e^{-\alpha\tau^\beta}, \ \alpha > 0, 0 < \beta < 1 \quad (5\text{-}27)$$

一般地,如果存在某个可微函数 $\alpha(\tau) \geqslant 0$,且该函数满足 $\lim_{\tau \to 0^+} \alpha(\tau) = 0$ 和 $\lim_{\tau \to 0^+} 1/\alpha'(\tau) = 0$,那么式(5-28)也满足定理 3 的条件。

$$\theta(\tau) = e^{-\alpha(\tau)} \quad (5\text{-}28)$$

5.1.3 仿真分析

本节给出了所提重构算法的仿真分析。原始 (2,3,1/3,1) 线性正则变换域 $\pi/2$ 带限信号如图 5-1 所示。其观测样本含有均值为 0、方差为 0.25 的

加性高斯随机噪声。图 5-2 给出了重构信号和原始信号的均方误差。

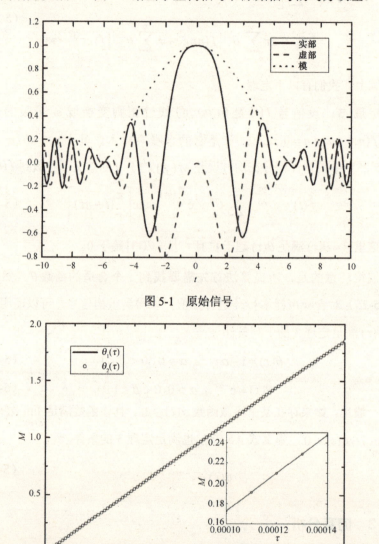

图 5-1　原始信号

图 5-2　重构信号与原信号的均方误差

5.2 随机信号分析

5.2.1 重构问题

假设 X_t 是具有零均值和自相关函数为 $R_X(\tau)$ 的广义平稳随机过程。如果 $R_X(\tau)$ 的 (a,b,c,d) 线性正则变换在 $|u|>\sigma$ 时取值为 0，则我们称随机过程 X_t 是 (a,b,c,d) 线性正则变换域 σ 带限的。

随机 (a,b,c,d) 带限信号的重构问题可以建模为如下随机估计问题。令 X_t 是 (a,b,c,d) 线性正则变换域 σ 带限信号，现假设 X_t 被具有 0 均值和自相关函数为 $R_n(\tau)$ 的广义平稳加性噪声 n_t 干扰，且噪声过程与信号不相关。令 $Y_1, Y_2, \cdots, Y_N$ 表示 X_t 在不同采样点 $t_1, t_2, \cdots, t_N$ 处观测到的含噪声样本，即

$$Y_k = X_{t_k} + n_{t_k}, k=1,2,\cdots,N \tag{5-29}$$

问题是通过这些含噪声的样本 Y_k 估计 X_t 在所有时间 t 处的值。

5.2.2 重构算法

由于我们认为信号和噪声是随机过程，所以必须在统计意义上考虑最优估计的定义。估计质量的自然度量指标是最小均方误差（MMSE），即求使得 $E\left\{\left|\hat{X}_t - X_t\right|^2\right\}$ 最小的 $\hat{X}_t$。根据文献[7]，可以很容易地得到最优的

MMSE 估计是条件均值 $\hat{X}_t = E\{X_t | Y_1, Y_2, \cdots, Y_N\}$。不幸的是，确定这种条件均值通常需要知道变量 $X_t, Y_1, Y_2, \cdots, Y_N$ 的联合统计特性。此外，当观测样本很大时，这种条件均值的计算通常非常复杂。解决此问题的一种方法是对估计进行约束，使其具有简洁的形式和最小均方误差。常用的约束是线性约束，即假设估计 $\hat{X}_t$ 具有以下线性形式

$$\hat{X}_t = \sum_{k=1}^{N} h_{t,k} Y_k \quad (5\text{-}30)$$

式中，$h_{t,1}, h_{t,2}, \cdots, h_{t,N}$ 是加权系数。下面我们将通过最小均方误差来求 $\hat{X}_t$。根据线性估计的正交性原理，估计误差 $\hat{X}_t - X_t$ 与最优估计的观测样本 Y_l 正交，即

$$E\{(\hat{X}_t - X_t) Y_l^*\} = 0, l = 1, 2, \cdots, N \quad (5\text{-}31)$$

将式（5-30）代入式（5-31）中，有

$$R_{XY}(t, l) = \sum_{k=1}^{N} h_{t,k} R_Y(k, l), 1 \leq l \leq N \quad (5\text{-}32)$$

式中，$R_{XY}(t, l)$ 表示 X_t 和 Y_l 的互相关函数，$R_Y(k, l)$ 是序列 $\{Y_k\}_{k=1}^{N}$ 的自相关函数。此外，有

$$\begin{aligned} R_{XY}(t, l) &= E\{X_t Y_l^*\} \\ &= E\{X_t (X_{tl} + n_{tl})^*\} \\ &= R_X(t - t_l) \end{aligned} \quad (5\text{-}33)$$

且

$$\begin{aligned} R_Y(k, l) &= E\{(X_{tk} + n_{tk})(X_{tl} + n_{tl})^*\} \\ &= E\{X_{tk} X_{tl}^*\} + E\{n_{tk} n_{tl}^*\} \\ &= R_X(t_k - t_l) + R_n(t_k - t_l) \end{aligned} \quad (5\text{-}34)$$

令 $R_{X,t,N}$、$H_{t,N}$ 和 Y_N 表示第 k 个元素分别等于 $R_X(t-t_k)$、$h_{t,k}$ 和 Y_k 的 $N \times 1$ 维矩阵，即

$$R_{X,t,N} = \left[R_X(t-t_1), R_X(t-t_2), \cdots, R_X(t-t_N) \right]^{\mathrm{T}} \quad (5\text{-}35)$$

$$H_{t,N} = \left[h_{t,1}, h_{t,2}, \cdots, h_{t,N} \right]^{\mathrm{T}} \quad (5\text{-}36)$$

$$Y_N = \left[y_1, y_2, \cdots, y_N \right]^{\mathrm{T}} \quad (5\text{-}37)$$

同样，令 $A_{X,N}$ 和 $B_{n,N}$ 表示第 (k,l) 个元素分别等于 $R_X(t_k-t_l)$ 和 $R_n(t_k-t_l)$ 的 $N \times N$ 维矩阵，即

$$A_{X,N} = \begin{pmatrix} R_X(t_1-t_1) & R_X(t_1-t_2) & \cdots & R_X(t_1-t_N) \\ R_X(t_2-t_1) & R_X(t_2-t_2) & \cdots & R_X(t_2-t_N) \\ \vdots & \vdots & & \vdots \\ R_X(t_N-t_1) & R_X(t_N-t_2) & \cdots & R_X(t_N-t_N) \end{pmatrix} \quad (5\text{-}38)$$

$$B_{n,N} = \begin{pmatrix} R_n(t_1-t_1) & R_n(t_1-t_2) & \cdots & R_n(t_1-t_N) \\ R_n(t_2-t_1) & R_n(t_2-t_2) & \cdots & R_n(t_2-t_N) \\ \vdots & \vdots & & \vdots \\ R_n(t_N-t_1) & R_n(t_N-t_2) & \cdots & R_n(t_N-t_N) \end{pmatrix} \quad (5\text{-}39)$$

式（5-32）可以写成如下矩阵方程

$$R_{X,t,N} = (A_{X,N} + B_{n,N}) H_{t,N} \quad (5\text{-}40)$$

其中

$$H_{t,N} = (A_{X,N} + B_{n,N})^{-1} R_{X,t,N} \quad (5\text{-}41)$$

将 $H_{t,N}$ 和 Y_N 代入式（5-30），有

$$\begin{aligned} \hat{X}_t &= Y_N^{\mathrm{T}} (A_{X,N} + B_{n,N})^{-1} R_{X,t,N} \\ &= \sum_{l=1}^{N} \sum_{k=1}^{N} Y_k C_{k,l} R_X(t-t_l) \end{aligned} \quad (5\text{-}42)$$

其中，$C_{k,l}$ 表示矩阵 $(A_{X,N} + B_{n,N})^{-1}$ 的第 (k,l) 个元素。

5.2.3 误差分析

根据正交性原理可知，重构信号式（5-42）在所有线性估计中具有最小均方误差。下面我们将阐述均方误差（MSE）如何与已知的噪声样本相关。估计 $\hat{X}$ 的 MSE 可计算为

$$E\{|X - \hat{X}|^2\} = E\{(X - \hat{X})(X - \hat{X})^*\}$$
$$= E\{|X|^2\} - E\{\hat{X}X^*\} - E\{X\hat{X}^*\} + E\{|\hat{X}|^2\} \quad (5\text{-}43)$$

由于误差 $X - \hat{X}$ 与观测值 Y_k 正交，并且估计值 $\hat{X}$ 是 Y_k 的线性组合，则误差 $X - \hat{X}$ 也正交于 $\hat{X}$，即

$$E\{(X - \hat{X})\hat{X}^*\} = 0 \quad (5\text{-}44)$$

整理得

$$E\{X\hat{X}^*\} = E\{|\hat{X}|^2\} = E\{\hat{X}X^*\} \quad (5\text{-}45)$$

因此

$$E\{|X - \hat{X}|^2\} = E\{|X|^2\} - E\{|\hat{X}|^2\} \quad (5\text{-}46)$$

这里，$E\{|X|^2\}$ 是原始信号 X 的均方差，当均值为 0 时，其值等于方差 σ^2。现在，为了研究 $\hat{X}$ 的 MSE，我们只需要考虑它的均方差 $E\{|\hat{X}|^2\}$。

根据式（5-36），有

第5章 基于含噪声样本的线性正则变换域带限信号重构

$$E\left\{\left|\hat{X}\right|^2\right\} = E\left\{\left[\sum_{l_1=1}^{N}\sum_{k_1=1}^{N}Y_{k_1}C_{k_1,l_1}R_X(t-t_{l_1})\right]\left[\sum_{l_2=1}^{N}\sum_{k_2=1}^{N}Y_{k_2}C_{k_2,l_2}R_X(t-t_{l_2})\right]^*\right\}$$

$$=\sum_{l_1=1}^{N}\sum_{k_1=1}^{N}\sum_{l_2=1}^{N}\sum_{k_2=1}^{N}\left\{C_{k_1,l_1}C_{k_2,l_2}^*R_X(t-t_{l_1})R_X^*(t-t_{l_2})E\left\{Y_{k_1}Y_{k_2}^*\right\}\right\}$$

（5-47）

式（5-47）意味着估计 $\hat{X}$ 的 MSE 不仅与原始信号 X 和噪声 n 的自相关矩阵有关，还与给定的含噪声样本的互相关矩阵有关。

5.2.4 推论

1. 基于无噪声样本的确定性 (a,b,c,d) 带限信号重构算法

特别地，当自相关函数 $R_X(t-t_l) = G_{(a,b,c,d)}(t,t_l)$ 且 $R_n(t_k-t_l)=0$ 时，$A_{X,N} = G$，$B_{n,N} = 0$，其中 G 是 $N \times N$ 维矩阵，其第 (k,l) 个元素 $G_{(a,b,c,d)}(t_k,t_l)$ 为

$$G_{(a,b,c,d)}(t_k,t_l) = \frac{\sigma}{\pi b}\mathrm{e}^{\frac{ja}{2b}(t_l^2-t_k^2)}\frac{\sin[\sigma(t_k-t_l)/b]}{\sigma(t_k-t_l)/b} \quad (5\text{-}48)$$

这时，最优估计 $\hat{X}_t$ 可以表示为

$$\hat{X}_t = \sum_{l=1}^{N}\sum_{k=1}^{N}Y_k C_{k,l}^1 G_{(a,b,c,d)}(t,t_l) \quad (5\text{-}49)$$

其中，$C_{k,l}^1$ 是矩阵 G^{-1} 的第 (k,l) 个元素。式（5-49）正是文献[8]中针对具有无噪声观测的确定性 (a,b,c,d) 带限信号提出的 MMSE 重构算法。

2. 基于含噪声样本的确定性 (a,b,c,d) 带限信号重构算法

同样，取自相关函数 $R_X(t-t_l) = G_{(a,b,c,d)}(t,t_l)$，则 $A_{X,N} = G$。考虑白噪声情况，$B_{n,N} = \varepsilon I$。因此，我们可以得到如下基于含噪声样本的确定性

(a,b,c,d) 带限信号重构算法。

令 X_t 为确定性 (a,b,c,d) 线性正则变换域 σ 带限信号，$Y_1, Y_2, \cdots, Y_N$ 为其在不同采样点 $t_1, t_2, \cdots, t_N$ 处的含噪声样本。假设噪声是均值为 0 和方差为 ϵ 的加性白噪声。那么，X_t 的 MMSE 线性重构可表示为

$$\hat{X}_t = \sum_{l=1}^{N}\sum_{k=1}^{N} Y_k C_{k,l}^2 G_{(a,b,c,d)}(t,t_l) \tag{5-50}$$

式中，$C_{k,l}^2$ 是 $(G+\epsilon I)^{-1}$ 的第 (k,l) 个元素，I 是单位矩阵。

值得注意的是，与式（5-49）相比，式（5-50）只是将矩阵 G^{-1} 的元素替换为矩阵 $(G+\epsilon I)^{-1}$ 的元素。这意味着当基于含噪声样本重构 (a,b,c,d) 带限信号时，我们需要利用 Miller 正则化[9]改进无噪声情况下的算法式（5-49），且正则化参数应根据干扰信号的白噪声的方差来选择。此外，当线性正则变换的参数 (a,b,c,d) 取值为 $(0,1,-1,0)$ 时，算法式（5-50）退化为文献[10]中提出的经典傅里叶变换域带限信号的 Miller 正则化重构算法。

3. 基于无噪声样本的 (a,b,c,d) 带限随机过程重构算法

令 X_t 为 (a,b,c,d) 带限随机过程，它具有零均值和自相关函数 $R_X(\tau)$。令 $Y_1, Y_2, \cdots, Y_N$ 是 X_t 在不同采样点 $t_1, t_2, \cdots, t_N$ 上的无噪声观测值。显然，此时 $R_n(\tau)=0$，$B_{n,N}=0$。因此，X_t 的 MMSE 线性重构可表示为

$$\hat{X}_t = \sum_{l=1}^{N}\sum_{k=1}^{N} Y_k C_{k,l}^3 R_X(t-t_l) \tag{5-51}$$

式中，$C_{k,l}^3$ 是 $A_{X,N}^{-1}$ 的第 (k,l) 个元素。

值得注意的是，与式（5-49）相比，式（5-51）将插值核函数替换成了自相关函数。

4. 基于含噪声样本的 (a,b,c,d) 带限随机过程重构算法

令 X_t 为 (a,b,c,d) 带限随机过程,其具有零均值和自相关函数 $R_X(\tau)$。设 $Y_1, Y_2, \cdots, Y_N$ 是不同采样点 $t_1, t_2, \cdots, t_N$ 处的加性白噪声干扰下的样本。显然,在这种情况下有 $\boldsymbol{B}_{n,N} = \epsilon \boldsymbol{I}$。因此,$X_t$ 的 MMSE 线性重构可表示为

$$\hat{X}_t = \sum_{l=1}^{N}\sum_{k=1}^{N} Y_k C_{k,l}^4 R_X(t-t_l) \tag{5-52}$$

式中,$C_{k,l}^4$ 是 $(\boldsymbol{A}_{X,N} + \epsilon \boldsymbol{I})^{-1}$ 的第 (k,l) 个元素,且 ϵ 是噪声方差。

5.2.5 仿真分析

图 5-3 给出了验证所提算法有效性的仿真结果。原始信号 $f(t)$ 是 $(0.3, 1, -0.8, 2/3)$ 线性正则变换域 $\pi/2$ 带限的,如图 5-3(a)所示。

$$f(t) = \mathrm{e}^{-0.15jt^2} \mathrm{sinc}\left(\frac{\pi t}{2}\right) \tag{5-53}$$

式中

$$\mathrm{sinc}(\cdot) = \frac{\sin(\cdot)}{(\cdot)} \tag{5-54}$$

信号 $f(t)$ 的 $(0.3, 1, -0.8, 2/3)$ 线性正则变换为

$$F_{(0.3,1,-0.8,2/3)}(u) = \begin{cases} \sqrt{\dfrac{-2\mathrm{j}}{\pi}} \mathrm{e}^{\frac{1}{3}u^2}, & |u| \leqslant \dfrac{\pi}{2} \\ 0, & \text{其他} \end{cases} \tag{5-55}$$

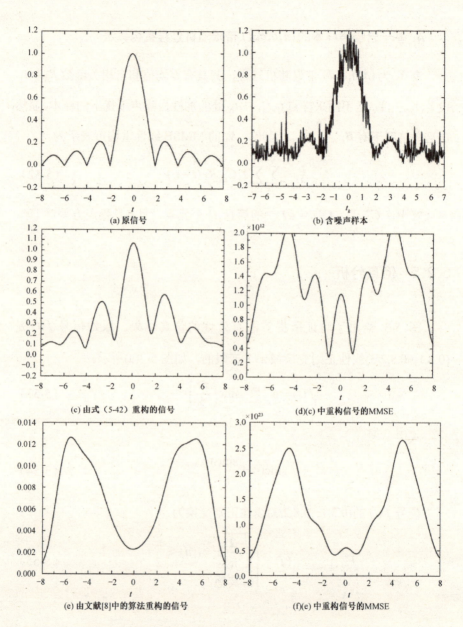

图 5-3 基于含噪声观测的线性正则变换域带限信号重构

给定的采样点从-7 到 7 均匀分布，采样点总数为 501。给定的样本被零均值高斯白噪声干扰，其方差为 10。由于噪声样本和重构信号都是随机的，因此要重复 1000 次仿真实验并取其平均值。1000 个时间平均噪声样本如图 5-3(b)所示。图 5-3(c)和图 5-3(d)分别为通过式（5-42）和文献[8]中提出的 MMSE 重构算法获得的重构信号。为了测量重建性能，我们计算了上述两个重构信号的归一化 NMSE

$$\text{NMSE} = \frac{E\left[|f - f_e|^2\right]}{\|f\|^2} \quad (5\text{-}56)$$

式中，f_e 表示原始信号 f 的估计信号。图 5-3(e)和图 5-3(f)分别为图 5-3(c)和图 5-3(d)中所示重构信号的 NMSE。可以看出，通过式（5-42）获得的重建信号的 NMSE 的数量级为 10^{-2}，而通过文献[8]中所提 MMSE 重构算法获得的重建信号的 NMSE 的数量级为 10^{23}。这说明当样本具有随机噪声时，文献[8]中所提 MMSE 重构算法不再适用。然而，如果我们使用式（5-42）从这些含噪声样本中获得估计值，则可以得到性能良好的估计信号。

参考文献

[1] B. Z. Li, R. Tao, Y. Wang. New Sampling Formulae Related to Linear Canonical Transform[J]. Signal Process, 2007, 87: 983-990.

[2] H. Zhao, Q. W. Ran, J. Ma, L. Y. Tan. On Bandlimited Signals Associated with Linear Canonical Transform[J]. IEEE Signal Process, 2009, 16: 343-345.

[3] G. H. Hardy. Notes on Special Systems of Orthogonal Functions (IV): the Orthogonal Functions of Whittaker's Cardinal Series[J]. Proc. Camb. Phil. Soc, 1941, 37: 331-348.

[4] F. Stenger. Approximation Via Whittaker's Cardinal Function[J]. J. Approx. Theory, 1976, 17: 222-240.

[5] A. I. Zayed. Advances in Shannon's Sampling Theory[M]. CRC, Boca Raton, 1993.

[6] D. V. Widder. Advanced Calculus, 2nd edition[M]. Dover, New York, 1989.

[7] H. H. V. Poor. An Introduction to Signal Detection and Estimation[M]. Springer, New York, 1988.

[8] H. Zhao, Q. W. Ran, L. Y. Tan, J. Ma. Reconstruction of Bandlimited Signals in Linear Canonical Transform Domain From Finite Nonuniformly Spaced Samples[J]. IEEE Signal Process, 2009, 16: 1047-1050.

[9] K. Miller. Least Squares Methods for III-posed Problems with Prescribed Bound[J]. SIAM J. Math. Anal, 1970, 1: 52-74.

[10] D. J. Wingham. The Reconstruction of a Band-limited Function and Its Fourier Transform From a Finite Number of Samples at Arbitrary Locations by Singular Value Decomposition[J]. IEEE Trans. Signal Process, 1992, 40: 559-570.

第 6 章

广义 4f 光学系统及其本征问题

6.1 广义 4f 光学系统

  4f 光学系统是最基本的光学信息处理系统，其本征函数理论与应用问题的研究已有大量成果，但它是以傅里叶变换为工具的。随着研究对象和研究范围的不断扩展，傅里叶变换已经不能满足人们在处理某些问题时的需要，主要原因如下：①在以傅里叶变换为工具进行光学信息处理时，严格要求要在空频域进行，对于在空频域无法处理的问题，傅里叶变换则显得无能为力；②傅里叶变换是一种全局性变换，得到的是信号的整体频谱，故无法表述信号的空频局部特性，尤其是非平稳信号的空频局部特性，而光学系统中的实际信号是非平稳信号。为了克服傅里叶变换在光学信息处理中的上述不足，人们引入了经典分数傅里叶变换和线性正则变换的概念。

在光学系统中，经典分数傅里叶变换能够很好地描述光由原始光场经过菲涅尔衍射区一直到无穷远的夫琅禾费衍射区的衍射传播全过程；而线性正则变换则能够很好地描述一阶光学系统对输入光场的作用。二者相较于傅里叶变换具有更强的灵活性，可以灵活地在任意经典分数傅里叶变换域和线性正则变换域进行信息处理，解决傅里叶变换难以处理的问题。经典分数傅里叶变换和线性正则变换理论及应用的研究已经发展成为信息光学的一个热点研究方向。

在以经典分数傅里叶变换和线性正则变换为工具进行光学信息处理的过程中，常常会用到如图 6-1 所示的光学信息处理系统，方便起见，这里只讨论一维情况。采用单色平面波垂直照明，P_1 为输入面；P_2 上光场分布为 P_1 上光场分布的线性正则变换，故称 P_2 为线性正则变换频谱面；P_3 为输出面，其上光场分布是平面 P_2 上光场分布的逆线性正则变换；$[-L,L]$ 为物的分布区域；$[-\sigma,\sigma]$ 为系统的线性正则变换域频率区域。可见，此系统只允许线性正则变换域频率范围为 $[-\sigma,\sigma]$ 的频率成分通过，且权重为 1。

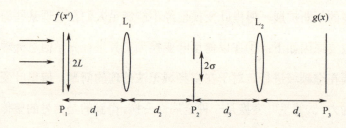

图 6-1　光学信息处理系统

当物分布 $f(x')(-L \leqslant x' \leqslant L)$ 通过此光学系统时，输出面上的分布函数可以计算为

第6章 广义 4f 光学系统及其本征问题

$$g(x) = \int_{-\sigma}^{\sigma} \mathcal{K}_{(d,-b,-c,a)}(u,x) \left[\int_{-L}^{L} f(x') \mathcal{K}_{(a,b,c,d)}(x',u) \mathrm{d}x' \right] \mathrm{d}u$$

$$= \int_{-L}^{L} f(x') \left[\int_{-\sigma}^{\sigma} \mathcal{K}_{(a,b,c,d)}(x',u) \mathcal{K}_{(d,-b,-c,a)}(u,x) \mathrm{d}u \right] \mathrm{d}x \quad (6\text{-}1)$$

$$= \int_{-L}^{L} f(x') \frac{\sigma}{\pi b} \exp\left[\frac{\mathrm{i}a}{2b}(x'^2 - x^2) \right] \frac{\sin[\sigma(x-x')/b]}{\sigma(x-x')/b} \mathrm{d}x'$$

式中

$$G_{(a,b,c,d)}(x,x') = \frac{\sigma}{\pi b} \exp\left[\frac{\mathrm{i}a}{2b}(x'^2 - x^2) \right] \frac{\sin[\sigma(x-x')/b]}{\sigma(x-x')/b} \quad (6\text{-}2)$$

式（6-2）为此光学系统在点 x' 处的脉冲响应。

特别地，当参数 $(a,b,c,d) = (0,1,-1,0)$ 时，线性正则变换退化为傅里叶变换，而图 6-1 所示系统则退化为

$$g(x) = \int_{-L}^{L} f(x') \frac{\sin[\sigma(x-x')]}{\pi(x-x')} \mathrm{d}x' \quad (6\text{-}3)$$

式（6-3）即为 4f 光学系统[1]。这说明 4f 光学系统是如图 6-1 所示的光学信息处理系统的特殊情况，它扩展了 4f 光学系统的概念，故称如图 6-1 所示的光学信息处理系统为广义 4f 光学系统。当参数 $(a,b,c,d) = (\cos\alpha, \sin\alpha, -\sin\alpha, \cos\alpha)$ 时，线性正则变换退化为经典分数傅里叶变换，此时如图 6-1 所示的系统为

$$g(x) = \int_{-L}^{L} f(x') \frac{\sigma}{\pi b} \exp\left[\frac{\mathrm{i}\cot\alpha}{2}(x'^2 - x^2) \right] \frac{\sin[\sigma \csc\alpha(x-x')]}{\sigma \csc(x-x')} \mathrm{d}x' \quad (6\text{-}4)$$

6.2 广义 4f 光学系统的本征问题

考虑广义 4f 光学系统的本征问题

$$\lambda_{n,(a,b,c,d),L,\sigma}\phi_{n,(a,b,c,d),L,\sigma}(x) = \int_{-L}^{L} \phi_{n,(a,b,c,d),L,\sigma}(x') G_{(a,b,c,d)}(x,x') \mathrm{d}x' \quad (6\text{-}5)$$

显然，$\phi_{n,(a,b,c,d),L,\sigma}(x)$ 和 $\lambda_{n,(a,b,c,d),L,\sigma}(x)$ 分别为本征函数和相应本征值。下标 (a,b,c,d)、L、σ 表示本征函数和本征值均依赖于描述线性正则变换的参数 (a,b,c,d)、空限参数 L 和线性正则变换域频率受限参数 σ。当不强调这些参数的作用时，标号 $\phi_{n,(a,b,c,d),L,\sigma}(x)$ 和 $\lambda_{n,(a,b,c,d),L,\sigma}(x)$ 将分别简化为 $\phi_n(x)$ 和 λ_n。

需要特别指出的是，广义 4f 光学系统的本征函数就是 Pei 等学者于 2005 年[2]提出的广义扁长椭球波函数。另外，考虑到 4f 光学系统是广义 4f 光学系统的特殊情况，且 4f 光学系统的本征函数为扁长椭球波函数，故称广义 4f 光学系统的本征函数为广义扁长椭球波函数也是合理的。可见，广义扁长椭球波函数 $\phi_n(x)$ 在通过广义 4f 光学系统后，除一个常数 λ_n 增益之外，其余均保持不变。

6.2.1 广义扁长椭球波函数在线性正则变换域带限信号空间上的正交基性质

由于广义 4f 光学系统是线性系统，那么若其本征函数——广义扁长椭球波函数具有正交基性质，则广义 4f 光学系统的作用就可以由其本征函数简单地完全描述。

由线性正则变换的逆变换公式可知，任意 (a,b,c,d) 线性正则变换域 σ 带限信号均可以表示为

第6章 广义 4f 光学系统及其本征问题

$$f(x) = \int_{-\sigma}^{\sigma} \tilde{f}_{(a,b,c,d)}(u) \mathcal{K}_{(d,-b,-c,a)}(u,x) \mathrm{d}u \tag{6-6}$$

且 $f(x)$ 可以由其等间隔采样值通过式（6-7）完全重构。

$$f(x) = \frac{\pi b}{\sigma} \sum_{n=-\infty}^{\infty} f(x_n) G_{(a,b,c,d)}(x,x_n) \tag{6-7}$$

式中，$x_n = n\pi b/\sigma$ 且

$$G_{(a,b,c,d)}(x,x') = \frac{\sigma}{\pi b} \exp\left[\frac{\mathrm{i}a}{2b}(x'^2 - x^2)\right] \frac{\sin\left[\sigma(x-x')/b\right]}{\sigma(x-x')/b} \tag{6-8}$$

特别地，取采样公式中的 $f(x)$ 为广义 4f 光学系统的脉冲响应 $G_{(a,b,c,d)}(x,x')$，则有

$$G_{(a,b,c,d)}(x,x') = \frac{\pi b}{\sigma} \sum_{n=-\infty}^{\infty} G_{(a,b,c,d)}(x,x_n) G_{(a,b,c,d)}^*(x',x_n) \tag{6-9}$$

将式（6-9）代入广义 4f 光学系统的本征问题中，进一步计算整理得

$$\begin{aligned}\lambda_n \phi_n(x) &= \frac{\pi b}{\sigma} \sum_{m=-\infty}^{\infty} G_{(a,b,c,d)}(x,x_m) \int_{-L}^{L} \phi_n(x') G_{(a,b,c,d)}(x_m,x') \mathrm{d}x' \\ &= \frac{\pi b}{\sigma} \sum_{m=-\infty}^{\infty} \lambda_n \phi_n(x_m) G_{(a,b,c,d)}(x,x_m)\end{aligned} \tag{6-10}$$

容易看出，广义扁长椭球波函数 $\phi_n(x)$ 满足下列等式

$$\phi_n(x) = \frac{\pi b}{\sigma} \sum_{m=-\infty}^{\infty} \phi_n(x_m) G_{(a,b,c,d)}(x,x_m) \tag{6-11}$$

由于 $G_{(a,b,c,d)}(x,x_m)$ 是 (a,b,c,d) 线性正则变换域 σ 带限的，故广义扁长椭球波函数 $\phi_n(x)$ 也是 (a,b,c,d) 线性正则变换域 σ 带限的。再次利用线性正则变换域带限信号的采样公式将 $\phi_n(x')$ 展开成采样级数可得

$$\begin{aligned}\lambda_n \phi_n(x_m) &= \int_{-L}^{L} \phi_n(x') G_{(a,b,c,d)}(x_m,x') \mathrm{d}x' \\ &= \frac{\pi b}{\sigma} \sum_{m=-\infty}^{\infty} \lambda_n \phi_n(x_m) G_{(a,b,c,d)}(x,x_m)\end{aligned} \tag{6-12}$$

式中，$x_m = m\pi b/\sigma$，$x_k = k\pi b/\sigma$，且

$$\begin{aligned}A_{mk} &= \frac{\pi b}{\sigma}\int_{-L}^{L} G_{(a,b,c,d)}(x',x_k) G_{(a,b,c,d)}^{*}(x',x_m)\mathrm{d}x' \\ &= \frac{\pi b}{\sigma}\int_{-L}^{L} \exp\left[\frac{ia}{2b}(x_k^2 - x_m^2)\right]\frac{\sin[\sigma(x'-x_k)/b]}{\sigma(x'-x_k)/b}\frac{\sin[\sigma(x'-x_m)/b]}{\sigma(x'-x_m)/b}\mathrm{d}x'\end{aligned} \quad (6\text{-}13)$$

这样广义 4f 光学系统的连续本征问题就等价于由式 (6-13) 决定的无穷矩阵 A 的离散本征问题

$$AU_n = \lambda_n U_n \quad (6\text{-}14)$$

矩阵 A 的离散本征向量 U_n 为

$$U_n = \left[\cdots, \phi_n\left(\frac{m\pi b}{\sigma}\right), \cdots\right]^{\mathrm{T}} \quad (6\text{-}15)$$

式中，上标 T 表示行向量的转置。可以看出矩阵 A 和广义 4f 光学系统具有相同的本征值，且矩阵 A 的本征向量 U_n 的分量 $\phi_n(m\pi b/\sigma)$ 恰好是广义 4f 光学系统的相应本征函数 $\phi_n(x)$ 以 $\Delta x = \pi b/\sigma$ 为间距的采样值。又因为广义 4f 光学系统的本征函数（广义扁长椭球波函数）$\phi_n(x)$ 是线性正则变换域 σ 带限的，故 $\phi_n(x)$ 可以由矩阵 A 的离散本征向量 U_n 通过采样公式完全决定。

前面已经说明广义扁长椭球波函数 $\phi_n(x)$ 属于 (a,b,c,d) 线性正则变换域 σ 带限信号空间，下面的讨论将说明构成此空间的一组正交基。由于矩阵 A 的元素满足条件 $A_{mk}^{*} = A_{km}$，故 A 是一个 Hermite 矩阵。此外，对于任意非零向量 $x = [\cdots, x(m), \cdots]^{\mathrm{T}}$，有

$$\begin{aligned}x^{\mathrm{H}} A x &= \sum_{m=-\infty}^{\infty} x^{*}(m) \sum_{k=-\infty}^{\infty} x(k)\left[\frac{\pi b}{\sigma}\int_{-L}^{L} G_{(a,b,c,d)}(x',x_k) G_{(a,b,c,d)}^{*}(x',x_m)\mathrm{d}x'\right] \\ &= \frac{\pi b}{\sigma}\int_{-L}^{L} |\sum_{k=-\infty}^{\infty} x(k) G_{(a,b,c,d)}(x',x_k)|^2 \mathrm{d}x' > 0\end{aligned} \quad (6\text{-}16)$$

式中，x^H 表示 x 的 Hermitian 转置。故矩阵 A 是一个 Hermitian 正定矩阵，因此 A 的本征值 λ_n 都是正实数，且容易证明其值小于 1。此外，基于矩阵 A 的 Hermitian 正定性质，可以选择矩阵 A 的本征向量 u_n 满足如下规范正交性和完全性

$$\sum_{m=-\infty}^{\infty} \phi_n(x_m)\phi_l^*(x_m) = \delta_{n,l} \tag{6-17}$$

$$\sum_{n=0}^{\infty} \phi_n(x_m)\phi_n^*(x_k) = \delta_{m,k} \tag{6-18}$$

因此，广义 4f 光学系统的本征函数——广义扁长椭球波函数具有离散正交性和完全性。

此外，由采样公式有

$$\begin{aligned}\int_{-\infty}^{\infty}\phi_n(x)\phi_l^*(x)\,\mathrm{d}x &= \left(\frac{\pi b}{\sigma}\right)^2 \sum_{m=-\infty}^{\infty}\sum_{k=-\infty}^{\infty} \phi_n(x_m)\phi_l^*(x_k) \\ &\quad \times \int_{-\infty}^{\infty} G_{(a,b,c,d)}(x,x_m)G_{(a,b,c,d)}^*(x,x_k)\,\mathrm{d}x \\ &= \sum_{m=-\infty}^{\infty} \frac{\pi b}{\sigma}\phi_n(x_m)\phi_l^*(x_m) \\ &= \frac{\pi b}{\sigma}\delta_{n,l}\end{aligned} \tag{6-19}$$

式 (6-19) 中第二步和最后一步可分别由 $G_{(a,b,c,d)}(x,x_n)$ 的正交性和广义扁长椭球波函数 $\phi_n(x)$ 的离散正交性直接得到，$G_{(a,b,c,d)}(x,x_n)$ 的正交性为

$$\int_{-\infty}^{\infty} G_{(a,b,c,d)}(x,x_n)G_{(a,b,c,d)}^*(x,x_m)\,\mathrm{d}x \frac{\sigma}{\pi b}\delta_{n,m} \tag{6-20}$$

因此，矩阵 A 的离散本征向量 u_n 的正交性就等价于广义扁长椭球波函数 $\phi_n(x)$ 在 $(-\infty,\infty)$ 上的正交性。

现考虑广义扁长椭球波函数 $\phi_n(x)$ 在 (a,b,c,d) 线性正则变换域 σ 带限信号空间上的完全性。由采样公式，有

$$\sum_{n=0}^{\infty}\phi_n(x)\phi_n^*(x') = \sum_{m=-\infty}^{\infty}\sum_{k=-\infty}^{\infty}\left[\sum_{n=0}^{\infty}\phi_n(x_m)\phi_n^*(x_k)\right]$$
$$\times \left(\frac{\pi b}{\sigma}\right)^2 G_{(a,b,c,d)}(x,x_m)G_{(a,b,c,d)}^*(x',x_k) \quad (6\text{-}21)$$
$$= \frac{\pi b}{\sigma}\sum_{m=-\infty}^{\infty} G_{(a,b,c,d)}(x,x_m)G_{(a,b,c,d)}^*(x',x_m)$$
$$= \frac{\pi b}{\sigma} G_{(a,b,c,d)}(x,x')$$

由脉冲响应 $G_{(a,b,c,d)}(x,x')$ 的再生核性质，对于任意 (a,b,c,d) 线性正则变换域 σ 带限信号 $f(x)$，有

$$f(x_n) = \int_{-\infty}^{\infty} f(x) G_{(a,b,c,d)}^*(x,x_n)\mathrm{d}x \quad (6\text{-}22)$$

利用采样公式和式（6-22）有

$$f(x) = \sum_{m=-\infty}^{\infty} f(x_m)\sum_{n=0}^{\infty}\phi_n(x)\phi_n^*(x_m)$$
$$= \sum_{m=-\infty}^{\infty}\left[\int_{-\infty}^{\infty} f(x)G_{(a,b,c,d)}^*(x,x_m)\mathrm{d}x\right]\sum_{n=0}^{\infty}\phi_n(x)\phi_n^*(x_m) \quad (6\text{-}23)$$
$$= \sum_{n=0}^{\infty} a_n\phi_n(x)$$

式中

$$a_n = \int_{-\infty}^{\infty} f(x)\sum_{m=-\infty}^{\infty}\phi_n^*(x_m)G_{(a,b,c,d)}^*(x,x_m)\mathrm{d}x$$
$$= \frac{\sigma}{\pi b}\int_{-\infty}^{\infty} f(x)\phi_n^*(x)\mathrm{d}x \quad (6\text{-}24)$$

式（6-24）说明，任意 (a,b,c,d) 线性正则变换域 σ 带限信号 $f(x)$ 都可以展开成广义扁长椭球波函数的线性组合，因而，广义扁长椭球波函数 $\phi_n(x)$ 具有完全性。

第 6 章 广义 4f 光学系统及其本征问题

通过上面的讨论可以得到如下结论。

结论 1：广义 4f 光学系统的本征函数——广义扁长椭球波函数 $\{\phi_{n,(a,b,c,d),L,\sigma}(x)\}_{n=0}^{\infty}$ 构成 (a,b,c,d) 线性正则变换域 σ 带限信号空间的一组正交基。

在以经典分数傅里叶变换和线性正则变换为工具进行光学信息处理的过程中，由于光学系统和光学设备尺度的局限性，线性正则变换域带限信号无处不在。基于结论 1，这类信号可由广义扁长椭球波函数分析表示。

特别地，当参数 $(a,b,c,d)=(0,1,-1,0)$ 时有如下结论：扁长椭球波函数 $\{\varphi_{n,L,\sigma}(x)\}$ 构成 σ 带限信号空间的一组正交基，即

$$\int_{-\infty}^{\infty}\varphi_{n,L,\sigma}(x)\varphi_{m,L,\sigma}(x)\mathrm{d}x = \begin{cases} \pi/\sigma, & n=m \\ 0, & n\neq m \end{cases} \quad (6\text{-}25)$$

而且，任意的 σ 带限信号 $f(x)$ 都可以写成 $\{\varphi_{n,L,\sigma}(x)\}$ 的加权组合形式。

$$f(x) = \sum_{n=0}^{\infty} b_n \varphi_{n,L,\sigma}(x) \quad (6\text{-}26)$$

式中

$$b_n = \frac{\sigma}{\pi}\int_{-\infty}^{\infty} f(x)\varphi_{n,L,\sigma}(x)\mathrm{d}x \quad (6\text{-}27)$$

式 (6-26) 与扁长椭球波函数的已有结果一致，即结论 1 将基于傅里叶变换的扁长椭球波函数在带限信号空间中的正交性和完全性推广到了经典分数傅里叶变换和线性正则变换的情况下。由于 $G_{(a,b,c,d)}(x,x')$ 构成 (a,b,c,d) 线性正则变换域 σ 带限信号空间的再生核函数，而广义扁长椭球波函数 $\phi_n(x)$ 属于此空间，故由再生核函数的性质可知，$\phi_n(x)$ 还满足下列积分方程

$$\phi_n(x) = \int_{-\infty}^{\infty} \phi_n(x') G_{(a,b,c,d)}(x,x') \, \mathrm{d}x' \qquad (6\text{-}28)$$

特别地，当 $(a,b,c,d) = (0,1,-1,0)$ 时，扁长椭球波函数满足下列积分方程

$$\varphi(t) = \int_{-\infty}^{\infty} \varphi(t) \frac{\sin[\sigma(t-x)]}{\pi(t-x)} \, \mathrm{d}t \qquad (6\text{-}29)$$

式（6-29）与扁长椭球波函数的已有结果一致。

6.2.2 广义扁长椭球波函数在有限区间能量有限信号空间上的正交基性质

由 6.2.1 节的讨论知，广义 $4f$ 光学系统的本征函数——广义扁长椭球波函数 $\phi_{n,(a,b,c,d),L,\sigma}(x)$ 构成 (a,b,c,d) 线性正则变换域 σ 带限信号空间的一组正交基，本节的讨论将说明广义扁长椭球波函数 $\{\phi_{n,(a,b,c,d),L,\sigma}(x)\}$ 还构成能量有限信号空间 $L^2(-L,L)$ 的一组正交基。

对于任意 (a,b,c,d) 线性正则变换域 σ 带限信号 $f(x)$，由线性正则变换的逆变换公式有

$$\begin{aligned}
f(x) &= \int_{-\sigma}^{\sigma} \tilde{f}_{(a,b,c,d)}(u) \mathcal{K}_{(d,-b,-c,a)}(u,x) \, \mathrm{d}u \\
&= \sqrt{\frac{1}{-\mathrm{i}2\pi b}} \exp\left(-\frac{\mathrm{i}a}{2b}x^2\right) \int_{-\sigma}^{\sigma} \tilde{f}_{(a,b,c,d)}(u) \exp\left(-\frac{\mathrm{i}d}{2b}u^2\right) \exp\left(\frac{\mathrm{i}}{b}ux\right) \mathrm{d}u
\end{aligned} \qquad (6\text{-}30)$$

令

$$g(x) = \int_{-\sigma}^{\sigma} \tilde{f}_{(a,b,c,d)}(u) \exp\left(-\frac{\mathrm{i}d}{2b}u^2\right) \exp\left(\frac{\mathrm{i}}{b}ux\right) \mathrm{d}u \qquad (6\text{-}31)$$

则 $g(x)$ 是传统带限函数，因而是整函数[3,4]。由 $f(x)$ 和 $g(x)$ 的关系知，

$f(x)$ 也是整函数。这说明线性正则变换域带限函数都是整函数。

对于广义 $4f$ 光学系统，若限定 $-L \leqslant x \leqslant L$，则广义 $4f$ 光学系统可表示为

$$g(x) = \int_{-L}^{L} f(x') G_{(a,b,c,d)}(x,x') \mathrm{d}x', \ -L \leqslant x \leqslant L \tag{6-32}$$

考虑算子 K_L

$$(K_L f)(x) = \int_{-L}^{L} f(x') G_{(a,b,c,d)}(x,x') \mathrm{d}x', \ -L \leqslant x \leqslant L \tag{6-33}$$

不难发现，式（6-33）可以等价地写成如下形式

$$(K_L f)(x) = \int_{-L}^{L} Df(x') G_{(a,b,c,d)}(x,x') \mathrm{d}x', \ -L \leqslant x \leqslant L \tag{6-34}$$

式中

$$Df(x') = \begin{cases} f(x'), |x'| \leqslant L \\ 0, |x'| \leqslant L \end{cases} \tag{6-35}$$

即当 $|x'| \leqslant L$ 时，$Df(x')$ 取值为 $f(x')$；而当 $|x'| > L$ 时，$Df(x')$ 取值为 0。式（6-34）的右端是线性正则变换域带限信号 $G_{(a,b,c,d)}(x,x')$ 的线性叠加，因此也是线性正则变换域带限的，故其为一个关于变量 x 的整函数。这样，式（6-34）的左右两端都是整函数且在有限区间 $[-L, L]$ 上相等，故对所有的 x 都相等。因此，若 $\phi_n(x)(-L \leqslant x \leqslant L)$ 是算子 K_L 的对应于本征值 λ_n 的本征函数，则 $\phi_n(x)$ 就是广义 $4f$ 光学系统的对应于相同本征值 λ_n 的本征函数。这说明广义扁长椭球波函数的截断形式是算子 K_L 的本征函数。下面证明其在能量有限信号空间 $L^2(-L, L)$ 上的正交性和完全性。由于算子 K_L 的算子核 $G_{(a,b,c,d)}(x,x')$ 平方可积且满足条件

$$G_{(a,b,c,d)}^*(x,x') = G_{(a,b,c,d)}(x',x) \tag{6-36}$$

故算子 K_L 是 $L^2(-L, L)$ 上的紧自共轭算子，其本征函数集构成空间

$L^2(-L,L)$ 的一组正交基[5]。

通过上面的讨论可以得到如下结论。

结论 2：广义 4f 光学系统的本征函数——广义扁长椭球波函数的截断形式 $\left\{\phi_{n,(a,b,c,d),L,\sigma}(x)\right\}_{n=0}^{\infty}$ $(-L \leqslant x \leqslant L)$ 构成能量有限信号空间 $L^2(-L,L)$ 上的一组正交基。

由于光学中所论及的一切物或像都是大小有限且能量有限的，故基于结论 2，任意光学信号均可由广义扁长椭球波函数分析表示。由于广义扁长椭球波函数同时在无穷区间和有限区间内正交，因此利用广义扁长椭球波函数可以方便地分析在空域和线性正则变换域均受限的实际光学图像。此外，广义扁长椭球波函数的双重正交基性质同时也为广义扁长椭球波函数在信号处理和光学领域中的应用奠定了基础。

结论 1 和结论 2 说明广义扁长椭球波函数同时在有限区间 $(-L,L)$ 和无限区间 $(-\infty,\infty)$ 上正交，且同时在能量有限信号空间 $L^2(-L,L)$ 和线性正则变换域带限信号空间 $H_{(a,b,c,d)}^{\sigma}$ 上完备。下式成立

$$\begin{aligned}\int_{-L}^{L}\phi_n(x)\phi_l^*(x)\mathrm{d}x &= \int_{-L}^{L}\frac{\pi b}{\sigma}\sum_{m=-\infty}^{\infty}\phi_n(x_m)G_{(a,b,c,d)}(x,x_m)\phi_l^*(x)\mathrm{d}x \\ &= \frac{\pi b}{\sigma}\sum_{m=-\infty}^{\infty}\phi_n(x_m)\int_{-L}^{L}\phi_l^*(x)G_{(a,b,c,d)}(x,x_m)\mathrm{d}x \\ &= \frac{\pi b}{\sigma}\sum_{m=-\infty}^{\infty}\phi_n(x_m)\lambda_l\phi_l^*(x_m) \\ &= \frac{\pi b}{\sigma}\lambda_l\delta_{n,l}\end{aligned} \quad (6\text{-}37)$$

式(6-37)中最后一步可由广义扁长椭球波函数的离散正交性直接得到。

由结论 2 可得，任意 $(-L,L)$ 上的能量有限信号 $f(x)$，可以由广义扁长

第6章 广义 4f 光学系统及其本征问题

椭球波函数表示成如下加权组合形式

$$f(x) = \sum_{n=0}^{\infty} a_n' \phi_n(x) \tag{6-38}$$

加权系数 a_n' 可以通过 $\phi_n(x)$ 的正交性计算为

$$a_n' = \frac{\sigma}{\pi b \lambda_n} \int_{-L}^{L} f(x) \phi_n^*(x) \, \mathrm{d}x \tag{6-39}$$

此外,有

$$\int_{-\infty}^{\infty} \phi_n(x) \phi_l^*(x) \mathrm{d}x = \frac{\pi b}{\sigma} \delta_{n,l} \tag{6-40}$$

且任意 (a,b,c,d) 线性正则变换域 σ 带限信号 $f(x)$,可以由广义扁长椭球波函数表示成如下加权组合形式

$$f(x) = \sum_{n=0}^{\infty} a_n \phi_n(x) \tag{6-41}$$

式中

$$a_n = \frac{\sigma}{\pi b} \int_{-\infty}^{\infty} f(x) \phi_n^*(x) \, \mathrm{d}x \tag{6-42}$$

特别地,当参数 $(a,b,c,d)=(0,1,-1,0)$ 时,扁长椭球波函数 $\{\varphi_{n,L,\sigma}(x)\}$ 构成能量有限信号空间 $L^2(-L,L)$ 的一组正交基,即有

$$\int_{-L}^{L} \varphi_{n,L,\sigma}(x) \varphi_{m,L,\sigma}(x) \, \mathrm{d}x = \begin{cases} \pi \lambda_n / \sigma, & n = m \\ 0, & n \neq m \end{cases} \tag{6-43}$$

且任意 $(-L,L)$ 上的能量有限信号 $g(x)$ 都可以写成如下形式

$$g(x) = \sum_{n=0}^{\infty} b_n' \varphi_{n,L,\sigma}(x) \tag{6-44}$$

式中

$$b_n' = \frac{\sigma}{\pi \lambda_n} \int_{-L}^{L} g(x) \varphi_{n,L,\sigma}(x) \, \mathrm{d}x \tag{6-45}$$

6.3 广义扁长椭球波函数的数值计算

本节讨论广义 4f 光学系统本征函数——广义扁长椭球波函数的数值计算问题。首先给出广义 4f 光学系统本征值的近似阶梯性。由前面的讨论知，广义 4f 光学系统的连续本征问题等价于无穷矩阵 A 的离散本征问题，广义 4f 光学系统与矩阵 A 具有相同的本征值。由 A_{mk} 的表达式可见，当相应的 sinc 函数的主波瓣超出积分区间 $(-L,L)$ 时，即当 $|m|$ 和 $|k|$ 均大于 $\sigma L/(\pi b)$ 时，矩阵 A 的元素 A_{mk} 迅速下降并趋于 0。显然，矩阵 A 只有一个维数约为 $p=[2\sigma L/(\pi b)]$ 的子方阵的元素具有较大的模值，其余元素均近似为 0。其中 $[x]$ 表示不超过 x 的最大整数。若将矩阵 A 写成式（6-46）所示的分块矩阵的形式，则子块矩阵 A_{11}、A_{12}、A_{13}、A_{21}、A_{23}、A_{31}、A_{32}、A_{33} 的元素均近似为 0；而子块矩阵 A_{22} 的元素具有较大的模，且其维数约为 p。

$$A = \begin{bmatrix} A_{11} & A_{12} & A_{13} \\ A_{21} & A_{22} & A_{23} \\ A_{31} & A_{32} & A_{33} \end{bmatrix} \tag{6-46}$$

另外，矩阵 A 的迹，即矩阵 A 所有本征值的和可以计算为

$$\begin{aligned} \mathrm{tr}(A) &= \sum_{m=-\infty}^{\infty} \frac{\pi b}{\sigma} \int_{-L}^{L} G^*_{(a,b,c,d)}(x,x_m) G_{(a,b,c,d)}(x,x_m)\,\mathrm{d}x \\ &= \int_{-L}^{L} \frac{\sigma}{\pi b}\,\mathrm{d}x \\ &= \frac{2\sigma L}{\pi b} \end{aligned} \tag{6-47}$$

由于所有本征值都是小于 1 的正实数且本征值的总和为 $2\sigma L/\pi b$，因此

第 6 章　广义 4f 光学系统及其本征问题

当利用式（6-48）计算本征值时，较大本征值的个数最多近似于 P，且前 P 个最大本征值均近似于 1，而其他本征值都接近 0，即广义 4f 光学系统的本征值序列呈现近似阶梯函数的性质。

$$\det(A - \lambda I) = 0 \qquad (6\text{-}48)$$

广义 4f 光学系统本征值的正实数性和近似阶梯性在第 7 章中分析广义 4f 光学系统时起着非常重要的作用。

同样，由前面的讨论知，广义 4f 光学系统的连续本征问题等价于无穷矩阵 A 的离散本征问题。广义 4f 光学系统与矩阵 A 具有相同的本征值，且矩阵 A 的离散本征向量 $u_n = [\cdots, \phi_n(x_m), \cdots]^{\mathrm{T}}$ 的分量恰好是广义 4f 光学系统对应于相同本征值的连续本征函数 $\phi_n(x)$（广义扁长椭球波函数）以 $\Delta x = \pi b / \sigma$ 为间距的采样值。因为广义扁长椭球波函数 $\phi_n(x)$ 是 (a,b,c,d) 线性正则变换域 σ 带限的，故 $\phi_n(x)$ 可以由 A 的本征向量 U_n 的分量通过采样公式完全重构。上面的分析说明，可以通过计算无穷矩阵 A 的本征值和本征向量来计算广义扁长椭球波函数。这样广义扁长椭球波函数及其相应本征值的数值计算步骤就可概括如下。

（1）计算矩阵 A 的 $N \times N$ 截断形式 A_T。矩阵 A_T 的维数 N 要远远大于 P，其原因将在后面说明。

（2）计算矩阵 A_T 的离散本征问题，求得截断矩阵 A_T 的规范正交本征向量 U_n 及相应的本征值 λ_n。

（3）将本征向量 U_n 的分量通过采样公式插值，得到广义扁长椭球波函数 $\phi_n(x)$，而其相应的本征值即为 λ_n。

从数学的角度可以验证所提广义扁长椭球波函数及其相应本征值基于采样理论的数值计算方法的有效性。因为

$$G_{(a,b,c,d)}(x,x') = \frac{\sigma}{\pi b}\sum_{n=0}^{\infty}\phi_n(x)\phi_n^*(x') \tag{6-49}$$

将式（6-49）代入矩阵 A 的 m 行 k 列元素 A_{mk} 的表达式可得

$$\begin{aligned}A_{mk} &= \frac{\pi b}{\sigma}\int_{-L}^{L}\frac{\sigma}{\pi b}\sum_{n=0}^{\infty}\phi_n(x')\phi_n^*(x_k)\frac{\sigma}{\pi b}\sum_{l=0}^{\infty}\phi_l^*(x')\phi_l(x_m)\mathrm{d}x' \\ &= \sum_{n=0}^{\infty}\sum_{l=0}^{\infty}\frac{\sigma}{\pi b}\phi_n^*(x_k)\phi_l(x_m)\int_{-L}^{L}\phi_n(x')\phi_l^*(x')\mathrm{d}x' \\ &= \sum_{n=0}^{\infty}\lambda_n\phi_n(x_m)\phi_n^*(x_k)\end{aligned} \tag{6-50}$$

式（6-50）正是矩阵 A 的本征分解。此外，上述数值计算方法的截断误差可计算为

$$\begin{aligned}e_N(x) &= \phi(x) - \phi_N(x) \\ &= \sum_{|n|>N}\phi(n\pi b/\sigma)\exp\left\{\frac{ia}{2b}\left[(n\pi b/\sigma)^2 - x^2\right]\right\}\frac{\sin[\sigma(x-n\pi b/\sigma)/b]}{\sigma(x-n\pi b/\sigma)/b} \\ &= \frac{b}{\sigma}\sin\left(\frac{\sigma}{b}x\right)\sum_{|n|>N}\exp\left\{\frac{ia}{2b}\left[(n\pi b/\sigma)^2 - x^2\right]\right\}\frac{(-1)^n\phi(n\pi b/\sigma)}{x-n\pi b/\sigma}\end{aligned} \tag{6-51}$$

故有

$$|e_N(x)| \leqslant \left|\frac{b}{\sigma}\sin\left(\frac{\sigma}{b}x\right)\right|\sum_{|n|>N}\frac{\phi(n\pi b/b)}{x-n\pi b/\sigma} \tag{6-52}$$

为了不失一般性，取 $(a,b,c,d) = (2,3,5,8)$、$L=1$、$p=8$（可算得 $\sigma = p\pi b/(2L) = 12\pi$）及 $(a,b,c,d) = (0.8,0.6,1,2)$、$L = \sigma = 4$（可算得 $p = [2\sigma L/(\pi b)] = [160/(3\pi)] = 16$），对两组参数进行仿真模拟。在这两种情况下，广义 $4f$ 光学系统在点 0 处的脉冲响应 $G_{(a,b,c,d)}(x,0)$ 分别如图 6-2

和图 6-3 所示。我们计算了截断矩阵维数 $N=51,101,151,\cdots,501$ 时的广义扁长椭球波函数及其相应的本征值。图 6-4 和图 6-5 分别给出了 $N=501$、$(a,b,c,d)=(2,3,5,8)$、$L=1$、$p=8(\sigma=12\pi)$ 和 $N=101$、$(a,b,c,d)=(0.8,0.6,1,2)$、$L=\sigma=4$ $(p=16)$ 两组参数下广义 4f 光学系统的前 8 个本征函数——广义扁长椭球波函数,其中实线和虚线分别表示实部和虚部。由计算结果可知,当 n 为奇数时,广义扁长椭球波函数 $\phi_n(x)$ 是奇函数;当 n 为偶数时,广义扁长椭球波函数 $\phi_n(x)$ 是偶函数,即广义扁长椭球波函数 $\phi_n(x)$ 满足如下关系式

$$\phi_n(x)=(-1)^n\phi_n(-x) \qquad (6-53)$$

由扁长椭球波函数的奇偶特性和文献[2]中广义扁长椭球波函数与扁长椭球波函数的关系也可以从理论上得到广义扁长椭球波函数的上述奇偶特性。

表 6-1 和图 6-6 分别给出了在参数为 $(a,b,c,d)=(2,3,5,8)$、$L=1$、$p=8(\sigma=12\pi)$ 的情况下,当截断矩阵维数 $N=51,101,201,501$ 时,广义 4f 光学系统的前 11 个最大本征值,以及当截断矩阵维数 $N=501$ 时,广义 4f 光学系统的前 51 个最大本征值。而表 6-2 和图 6-7 则分别给出了在参数为 $(a,b,c,d)=(0.8,0.6,1,2)$、$L=\sigma=4$ $(p=16)$ 的情况下,当截断矩阵维数 $N=51,101,201,501$ 时,广义 4f 光学系统的前 16 个最大本征值,以及当截断矩阵维数 $N=101$ 时,广义 4f 光学系统的前 31 个最大本征值。由计算结果可以看出,在所有情况下本征值都是小于 1 的正实数,在表 6-1 和表 6-2 中的所有数值都取四位有效数字,其实际值不到 1,这与 6.2 节的理论结果相符。

广义扁长椭球波函数 $\phi_n(x)$ 通过广义 4f 光学系统后,系统的输出为其

自身与本征值 λ_n 的乘积。由于本征值都是小于 1 的正实数,故广义扁长椭球波函数通过广义 4f 光学系统后将损失能量,而本征值 λ_n 可以用来表征其能量保持率。

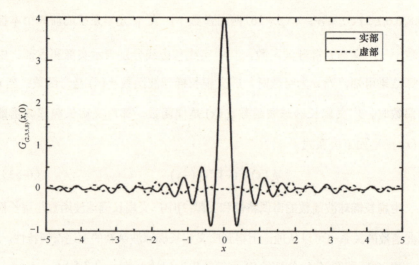

图 6-2 当 $(a,b,c,d)=(2,3,5,8)$、$L=1$、$p=8$ 时,广义 4f 光学系统的脉冲响应

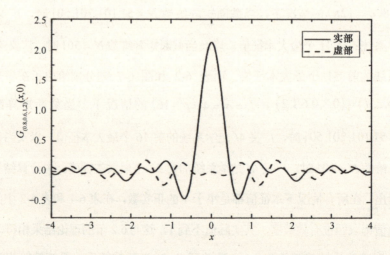

图 6-3 当 $(a,b,c,d)=(0.8,0.6,1,2)$、$L=\sigma=4$ 时,广义 4f 光学系统的脉冲响应

第 6 章 广义 4f 光学系统及其本征问题

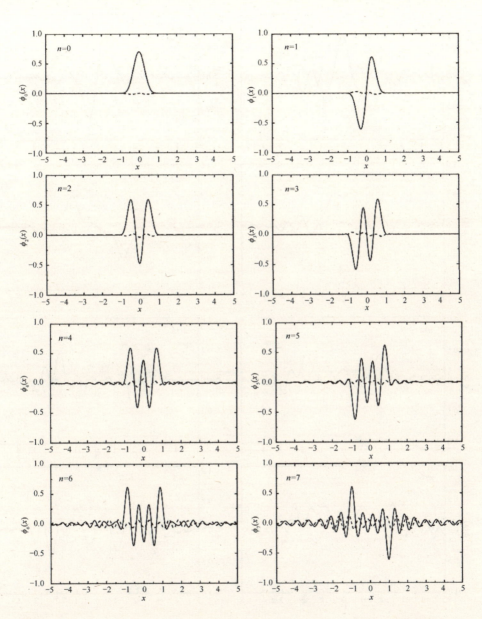

图 6-4 当 $N=501$、$(a,b,c,d)=(2,3,5,8)$、$L=1$、$p=8$ 时，广义 4f 光学系统的前 8 个本征函数

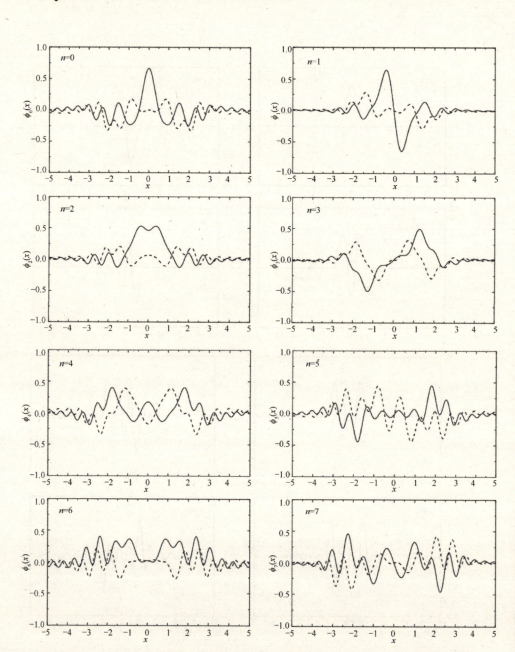

图 6-5 当 $N=101$、$(a,b,c,d)=(0.8,0.6,1,2)$、$L=\sigma=4$ 时,广义 $4f$ 光学系统的前 8 个本征函数

第6章 广义4f光学系统及其本征问题

表6-1 当$(a,b,c,d)=(2,3,5,8)$、$L=1$、$p=8$时,广义4f光学系统的前11个最大本征值

n	N=51	N=101	N=201	N=501
0	1.000	1.000	1.000	1.000
1	1.000	1.000	1.000	1.000
2	1.000	1.000	1.000	1.000
3	1.000	1.000	1.000	1.000
4	0.9994	0.9994	0.9994	0.9994
5	0.9915	0.9920	0.9922	0.9924
6	0.9366	0.9366	0.9367	0.9367
7	0.6761	0.6873	0.6931	0.6965
8	0.2994	0.2994	0.2994	0.2994
9	0.05617	0.06065	0.06225	0.06345
10	0.008170	0.008191	0.008194	0.008195

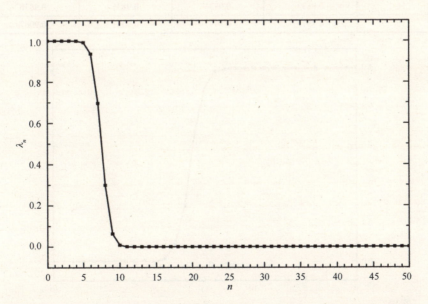

图6-6 当$N=501$、$(a,b,c,d)=(2,3,5,8)$、$L=1$、$p=8$时,广义4f光学系统的前51个最大本征值

表 6-2 当 $(a,b,c,d)=(0.8,0.6,1,2)$、$L=\sigma=4$ 时，广义 $4f$ 光学系统的前 16 个最大本征值

n	N=51	N=101	N=201	N=501
0	1.000	1.000	1.000	1.000
1	1.000	1.000	1.000	1.000
2	1.000	1.000	1.000	1.000
3	1.000	1.000	1.000	1.000
4	1.000	1.000	1.000	1.000
5	1.000	1.000	1.000	1.000
6	1.000	1.000	1.000	1.000
7	1.000	1.000	1.000	1.000
8	1.000	1.000	1.000	1.000
9	1.000	1.000	1.000	1.000
10	1.000	1.000	1.000	1.000
11	1.000	1.000	1.000	1.000
12	0.9997	0.9997	0.9998	0.9998
13	0.9973	0.9975	0.9976	0.9977
14	0.9833	0.9836	0.9836	0.9836
15	0.8913	0.8997	0.9041	0.9067

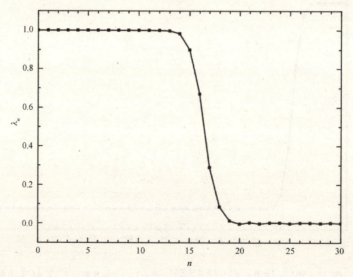

图 6-7 当 $N=101$、$(a,b,c,d)=(0.8,0.6,1,2)$、$L=\sigma=4$ 时，广义 $4f$ 光学系统的前 31 个最大本征值

注意到在图 6-6 中，即在参数为 $(a,b,c,d)=(2,3,5,8)$、$L=1$、$p=8$（$\sigma=12\pi$）的情况下，当 n 从 0 到 7 变化时本征值下降缓慢且值接近于 1，而当 $n>7$ 时本征值急速下降且值迅速趋于 0；即本征值在 $n=7$ 处呈现近似阶梯函数的性质，前 8 个本征值近似于 1，其后的本征值迅速趋于 0。而在图 6-7 中，即在参数为 $(a,b,c,d)=(0.8,0.6,1,2)$、$L=\sigma=4$（$p=16$）的情况下，当 n 从 0 到 15 变化时，本征值下降缓慢且值接近于 1，而当 $n>15$ 时本征值急速下降且值迅速趋于 0；即本征值在 $n=15$ 处呈现近似阶梯函数的性质，前 16 个本征值近似于 1，其后的本征值迅速趋于 0。可见，在两组参数下，广义 4f 光学系统明显不为 0 的本征值都只有前 p 个，这就是要求截断矩阵的维数要远大于 p 的原因。广义 4f 光学系统本征值的上述模拟结果与理论结果一致，因此，仿真模拟结果验证了广义 4f 光学系统本征值的正实数性和近似阶梯性。

参考文献

[1] 陶纯堪，陶纯匡. 光学信息论[M]. 北京：科学出版社，1995:133-135.

[2] S. C. Pei, J. J. Ding. Generalized Prolate Spheroidal Wave Functions for Optical Finite Fractional Fourier and Linear Canonical Transforms[J]. J. Opt. Soc. Am. A, 2005, 22(3):460-474.

[3] C. L. Rino. The Application of Prolate Spheroidal Wave Functions to the Detection and Estimation of Band-Limited Signals[J]. Proc. IEEE,

1970:248-649.

[4] X. G. Xia. On Bandlimited Signals with Fractional Fourier Transform[J]. IEEE Signal Process., 1996, 3(3):72-74.

[5] E. R. Pike, J. G. McWhirter, M. Bertero, et al. Generalized Information Theory for Inverse Problem in Signal Processing[J]. Proc. IEE, 1984, 131(6):660-667.

第 7 章

广义 4f 光学系统分析

7.1 广义 4f 光学系统的描述

当在广义 4f 光学系统的输入面输入一个物分布 $f(x')(-L \leqslant x' \leqslant L)$ 时,相应输出面上的像分布 $g(x)$ 可以表示为

$$g(x) = \int_{-L}^{L} f(x') G_{(a,b,c,d)}(x,x') \mathrm{d}x' \tag{7-1}$$

式中

$$G_{(a,b,c,d)}(x,x') = \frac{\sigma}{\pi b} \exp\left[\frac{\mathrm{i}a}{2b}(x'^2 - x^2)\right] \frac{\sin[\sigma(x-x')/b]}{\sigma(x-x')/b} \tag{7-2}$$

式(7-2)为广义 4f 光学系统在点 x' 处的脉冲响应。

特别地,当描述线性正则变换的参数 (a,b,c,d) 取特殊值 $(0,1,-1,0)$ 时,线性正则变换退化为傅里叶变换,此时广义 4f 光学系统则退化为经典的 4f

光学系统。

光学系统的本征函数是通过光学系统后除一个常数增益之外，其余均保持不变的复函数。特别地，如果本征函数构成系统输入的正交基，且此光学系统是线性的，则整个光学系统对系统输入的作用就可以通过其本征函数简单而有效地描述。研究结果表明，广义 4f 光学系统的本征函数——广义扁长椭球波函数构成有限区间内能量有限信号空间的正交基。而光学中论及的实际物或像都是有限大小的，且其能量也总是有限的。因此广义 4f 光学系统的任意系统输入 $f(x')(-L \leqslant x' \leqslant L)$ 都可以展开成广义扁长椭球波函数 $\{\phi_n(x)\}_{n=0}^{\infty}(-L \leqslant x \leqslant L)$ 的如下级数形式

$$f(x') = \sum_{n=0}^{\infty} a_n \phi_n(x'), \quad -L \leqslant x \leqslant L \tag{7-3}$$

在式（7-3）两端同乘 $\phi_m^*(x')$，在 $(-L, L)$ 上积分并利用广义扁长椭球波函数的正交性可得如下系数

$$a_n = \frac{\sigma}{\pi b \lambda_n} \int_{-L}^{L} f(x') \phi_n^*(x') \mathrm{d}x' \tag{7-4}$$

则系统的输出可以表示为

$$\begin{aligned} g(x) &= \int_{-L}^{L} f(x') G_{(a,b,c,d)}(x, x') \mathrm{d}x' \\ &= \int_{-L}^{L} \sum_{n=0}^{\infty} a_n \phi_n(x') G_{(a,b,c,d)}(x, x') \mathrm{d}x' \\ &= \sum_{n=0}^{\infty} a_n \lambda_n \phi_n(x) \end{aligned} \tag{7-5}$$

即系统输出在本征基函数下的分量为系统输入的相应分量与本征值的乘积。这样广义 4f 光学系统对系统输入的作用就可以由其本征函数简单地完全描述。

另外，由于广义 4f 光学系统的脉冲响应 $G_{(a,b,c,d)}(x,x')$ 可以由广义扁长椭球波函数表示为

$$G_{(a,b,c,d)}(x,x') = \frac{\sigma}{\pi b} \sum_{n=0}^{\infty} \phi_n(x) \phi_n^*(x') \qquad (7\text{-}6)$$

因此，对于任意的系统输入 $f(x')$，输出 $g(x)$ 可以表示为

$$\begin{aligned} g(x) &= \int_{-L}^{L} f(x') \left[\frac{\sigma}{\pi b} \sum_{n=0}^{\infty} \phi_n(x) \phi_n^*(x') \right] dx' \\ &= \sum_{n=0}^{\infty} b_n \phi_n(x) \end{aligned} \qquad (7\text{-}7)$$

式中

$$b_n = \frac{\sigma}{\pi b} \int_{-L}^{L} f(x') \phi_n^*(x') dx' \qquad (7\text{-}8)$$

对比式（7-4）与式（7-8）可得

$$b_n = \lambda_n a_n \qquad (7\text{-}9)$$

式（7-9）同样说明广义 4f 光学系统的输出在本征基函数下的分量为系统输入的相应分量与本征值的乘积。由于本征值 λ_n 都是小于 1 的正实数，因此像分布较物分布有 λ_n 的衰减，λ_n 所带来的衰减程度由描述线性正则变换的参数 (a,b,c,d)、空限参数 L 和线性正则变换域频率受限参数 σ 共同决定。

7.2　广义 4f 光学系统的空间带宽积

光学信息处理的目的是利用各种处理方法和技巧，最终提取人们所感兴趣的信息。那么人们能从某个光学信息处理实验中提取多少信息量？此

光学信息处理系统提取信息量的能力是强还是弱？这些都是必须回答的基本问题。人们若忽略这些基本问题就不能有效地设计光学信息处理实验，因此，了解光学信息处理系统的信息量十分必要。本节的目的就是讨论广义 4f 光学系统的信息量问题。

对于广义 4f 光学系统，若在输入面上输入一个物分布函数 $f(x')$，则由广义扁长椭球波函数构成系统输入的正交基，故 $f(x')$ 可以展开如下

$$f(x') = \sum_{n=0}^{\infty} a_n \phi_n(x'), -L \leqslant x \leqslant L \tag{7-10}$$

经过广义 4f 光学系统后，输出面上的像分布为

$$g(x) = \int_{-L}^{L} f(x') G_{(a,b,c,d)}(x,x') \, \mathrm{d}x' = \sum_{n=0}^{\infty} a_n \lambda_n \phi_n(x) \tag{7-11}$$

由式（7-10）知，输入面上每个广义扁长椭球波函数 ϕ_n 代表一个携带信息量的自由度。原物可以通过给定所有系数 a_n 完全决定。对于每个自由度，a_n 是一个复数。由式（7-11）可知，只要广义 4f 光学系统的本征值不明显为 0，自由度 $\phi_n(x)$ 均由物方携带信息量从物方传递到像方。像的自由度个数与物的自由度个数相同，知道像的系数 $a_n \lambda_n$ 则可以知道物的系数 a_n。

然而，由于广义 4f 光学系统的本征值都是小于 1 的正实数，对其进行如下排序

$$\lambda_0 \geqslant \lambda_1 \geqslant \lambda_2 \geqslant \cdots \geqslant \lambda_n \geqslant \cdots \tag{7-12}$$

发现只有前 $n = [2\sigma L/(\pi b)]$ 个本征值明显不为 0，且值近似于 1。这说明通过广义 4f 光学系统后，原物由前 $n \neq [2\sigma L/(\pi b)]$ 个广义扁长椭球波函数 $\phi_n(x)$ 携带的信息基本保持不变，由其他广义扁长椭球波函数携带的信

息则基本丢失,故称 $[2\sigma L/(\pi b)]$ 为广义 4f 光学系统的自由度数或空间带宽积。

7.3 广义 4f 光学系统的能量保持率

在具体讨论广义 4f 光学系统的能量保持率问题之前,首先看一下两类常见的特殊信号:空限信号和线性正则变换域带限信号。

对于任意能量有限信号 $f(x)$,可以得到信号 $Df(x)$:当 $|x| \leqslant L$ 时,$Df(x)$ 取值为 $f(x)$;而当 $|x| > L$ 时,$Df(x)$ 取值为 0,即

$$Df(x) = \begin{cases} f(x), & |x| \leqslant L \\ 0, & |x| > L \end{cases} \quad (7-13)$$

称 $Df(x)$ 为信号 $f(x)$ 的空限形式,如图 7-1 所示。在光学中论及的一切物或像都是空限信号。

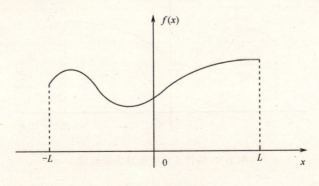

图 7-1 空限信号

对于任意能量有限信号 $f(x)$，还可以得到信号 $B_{(a,b,c,d)}f(x)$：当 $|u|\leqslant\sigma$ 时，$B_{(a,b,c,d)}f(x)$ 的线性正则变换 $\tilde{B}_{(a,b,c,d)}f(u)$ 取值为 $f(x)$ 的线性正则变换 $\tilde{f}_{(a,b,c,d)}(u)$；而当 $|u|>\sigma$ 时，$B_{(a,b,c,d)}f(x)$ 的线性正则变换 $\tilde{B}_{(a,b,c,d)}f(u)$ 取值为 0，即 $B_{(a,b,c,d)}f(x)$ 的 (a,b,c,d) 线性正则变换 $\tilde{B}_{(a,b,c,d)}f(u)$ 满足下列条件

$$\tilde{B}_{(a,b,c,d)}f(u)=\begin{cases}\tilde{f}_{(a,b,c,d)}(u), & |u|\leqslant\sigma \\ 0, & |u|>\sigma\end{cases} \quad (7-14)$$

称 $B_{(a,b,c,d)}f(x)$ 为信号 $f(x)$ 的线性正则变换域带限形式，如图 7-2 所示。考虑到这类信号的特殊性质，可以令其表示为

$$B_{(a,b,c,d)}f(x)=\int_{-\sigma}^{\sigma}\tilde{f}_{(a,b,c,d)}(u)\mathcal{K}_{(d,-b,-c,a)}(u,x)\mathrm{d}u \quad (7-15)$$

在生活中会经常碰到线性正则变换域带限信号，经过一个有限孔径一阶光学系统的信号（线性正则变换域频率受限信号）都可用这种信号描述。

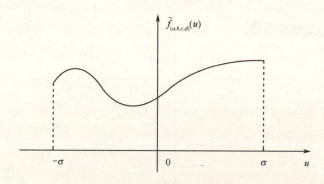

图 7-2 线性正则变换域带限信号

综上，信号 $f(x)$ 先空限再线性正则变换域带限后可得

$$B_{(a,b,c,d)}Df(x) = \int_{-\sigma}^{\sigma} \mathcal{K}_{(d,-b,-c,a)}(u,x)\left[\int_{-L}^{L} f(x')\mathcal{K}_{(a,b,c,d)}(x',u)\mathrm{d}x'\right]\mathrm{d}u$$
$$= \int_{-L}^{L} f(x') G_{(a,b,c,d)}(x,x')\mathrm{d}x' \quad (7\text{-}16)$$

称 $B_{(a,b,c,d)}Df(x)$ 为信号 $f(x)$ 的先空限再线性正则变换域带限形式。

对比式（7-1）和式（7-16）不难发现，信号通过广义 $4f$ 光学系统后的输出信号就是先对原信号进行空限，再进行线性正则变换域带限后所得的信号。令能量有限信号 $f(x)$ 具有如下总能量

$$E = \|f\|_{\infty}^{2} = \int_{-\infty}^{\infty} |f(x)|^{2}\mathrm{d}x \quad (7\text{-}17)$$

显然，其空限形式 $Df(x)$ 具有如下总能量

$$E_D = \|Df\|_{\infty}^{2} = \|f\|_{L}^{2} = \int_{-L}^{L} |f(x)|^{2}\mathrm{d}x \leqslant E \quad (7\text{-}18)$$

因为 Df 不是 (a,b,c,d) 线性正则变换域带限的（除线性正则变换为一些特殊算子外，如尺度算子或 Chirp 乘积等）[1-3]，故 Df 的 (a,b,c,d) 线性正则变换 $\tilde{D}f_{(a,b,c,d)}(u)$ 在 $|u|>\sigma$ 上具有非零能量，因此 Df 的线性正则变换域带限形式 $B_{(a,b,c,d)}Df$ 的总能量为

$$E_{B_{(a,b,c,d)}D} < E_D \leqslant E \quad (7\text{-}19)$$

上述分析说明：一个能量有限信号通过广义 $4f$ 光学系统后的能量将减小。这就会导出如下问题：哪个能量有限信号通过广义 $4f$ 光学系统后能量损失最小？或等价地，哪个信号能使能量比 r 最大？

$$r = \frac{\|B_{(a,b,c,d)}Df(x)\|_{\infty}^{2}}{\|f(x)\|_{\infty}^{2}} \quad (7\text{-}20)$$

由式（7-16）可计算得

$$\left\|B_{(a,b,c,d)}Df(x)\right\|_\infty^2 = \int_{-\infty}^{\infty}\left|B_{(a,b,c,d)}Df(x)\right|^2 \mathrm{d}x$$
$$= \int_{-L}^{L} f^*(y)\int_{-L}^{L} f(t)\left[\int_{-\infty}^{\infty} G_{(a,b,c,d)}(x,t)G_{(a,b,c,d)}^*(x,y)\mathrm{d}x\right]\mathrm{d}t\mathrm{d}y \quad (7\text{-}21)$$
$$= \int_{-L}^{L} f^*(y)\int_{-L}^{L} f(t) G_{(a,b,c,d)}(y,t)\,\mathrm{d}t\mathrm{d}y$$

上式说明 $\left\|B_{(a,b,c,d)}Df(x)\right\|_\infty^2$ 仅由 $f(x)$ 在有限区间 $(-L,L)$ 内的取值决定。

又因为

$$\|f(x)\|_\infty^2 \geqslant \|f(x)\|_L^2 \quad (7\text{-}22)$$

故 r 对于所有能量有限信号 $f(x)$ 的最大值等价于

$$r_L = \frac{\left\|B_{(a,b,c,d)}Df\right\|_\infty^2}{\|f\|_L^2} \quad (7\text{-}23)$$

对于所有 $f(x) \in L^2(-L,L)$ 的最大值。由于广义扁长椭球波函数 $\{\phi_n(x)\}_{n=0}^{\infty}$ $(-L \leqslant x \leqslant L)$ 构成能量有限信号空间 $L^2(-L,L)$ 的正交基,故任意信号 $f(x) \in L^2(-L,L)$ 可以表示为

$$f(x) = \sum_{n=0}^{\infty} a_n \phi_n(x) \quad (7\text{-}24)$$

其系数为

$$a_n = \frac{\sigma}{\pi b \lambda_n}\int_{-L}^{L} f(x)\phi_n^*(x)\mathrm{d}x \quad (7\text{-}25)$$

将式(7-24)代入式(7-21)可得

$$\left\|B_{(a,b,c,d)}Df(x)\right\|_\infty^2 = \int_{-L}^{L} f^*(y)\sum_{n=0}^{\infty} a_n \lambda_n \phi_n(y)\mathrm{d}y$$
$$= \sum_{n=0}^{\infty} a_n \lambda_n \sum_{m=0}^{\infty} a_m^* \int_{-L}^{L}\phi_n(y)\phi_m^*(y)\mathrm{d}y \quad (7\text{-}26)$$
$$= \frac{\pi b}{\sigma}\sum_{n=0}^{\infty} \lambda_n^2 |a_n|^2$$

第7章 广义4f光学系统分析

另外

$$\|f\|_L^2 = \int_{-L}^{L}\left[\sum_{n=0}^{\infty}a_n\phi_n(x)\right]\left[\sum_{m=0}^{\infty}a_m^*\phi_m^*(x)\right]\mathrm{d}x$$

$$= \sum_{n=0}^{\infty}\sum_{m=0}^{\infty}a_n a_m^* \int_{-L}^{L}\phi_n(x)\phi_m^*(x)\,\mathrm{d}x \qquad (7\text{-}27)$$

$$= \frac{\pi b}{\sigma}\sum_{n=0}^{\infty}\lambda_n|a_n|^2$$

将式（7-26）和式（7-27）代入式（7-23）有

$$r_L = \frac{\displaystyle\sum_{n=0}^{\infty}\lambda_n^2|a_n|^2}{\displaystyle\sum_{n=0}^{\infty}\lambda_n|a_n|^2} \leqslant \frac{\lambda_0\displaystyle\sum_{n=0}^{\infty}\lambda_n|a_n|^2}{\displaystyle\sum_{n=0}^{\infty}\lambda_n|a_n|^2} = \lambda_0 \qquad (7\text{-}28)$$

在式（7-24）中，若当 $n\geqslant 1$ 时 $a_n=0$，则 r_L 达到最大值 λ_0。此时 $f(x)$ 为零阶广义扁长椭球波函数 $\phi_0(x)$ 的空限形式 $D\phi_0(x)$。故 $D\phi_0(x)$ 是所有能量有限信号中通过广义 4f 光学系统后能量损失最小的信号，且其能量保持率为最大本征值 λ_0。

因为信号通过广义 4f 光学系统后的输出信号的能量不会大于输入信号的能量，故本征值 $\lambda_0<1$，说明广义 4f 光学系统的本征值都是小于 1 且大于 0 的正实数，也间接地在一定程度上证实了广义扁长椭球波函数及其相应本征值基于采样理论的数值计算方法的正确性。

前面已经说明：任何能量有限信号通过广义 4f 光学系统后的能量将减小；在所有能量有限信号中，零阶广义扁长椭球波函数的空限形式 $D\phi_0(x)$ 通过广义 4f 光学系统后的能量损失最小，即 $D\phi_0(x)$ 具有最大的能量保持率，且最大能量保持率为 λ_0。那么在所有 (a,b,c,d) 线性正则变换域 σ 带限信号中，哪个信号通过广义 $4f$ 光学系统后能量损失最小？或等价地，哪个 (a,b,c,d) 线性正则变换域 σ 带限信号能使得能量比 r 最大？

$$r = \frac{\left\|B_{(a,b,c,d)}Df(x)\right\|_\infty^2}{\left\|f(x)\right\|_\infty^2} \tag{7-29}$$

由于广义扁长椭球波函数构成 (a,b,c,d) 线性正则变换域 σ 带限信号空间的正交基，故任意 (a,b,c,d) 线性正则变换域 σ 带限信号 $f(x)$ 都可以表示为如下形式

$$f(x) = \sum_{n=0}^{\infty} a_n' \phi_n(x) \tag{7-30}$$

系数为

$$a_n' = \frac{\sigma}{\pi b} \int_{-\infty}^{\infty} f(x)\phi_n^*(x)\mathrm{d}x \tag{7-31}$$

与式（7-21）和式（7-26）的计算过程类似，可计算得

$$\left\|B_{(a,b,c,d)}Df(x)\right\|_\infty^2 = \frac{\pi b}{\sigma}\sum_{n=0}^{\infty}\lambda_n^2\left|a_n'\right|^2 \tag{7-32}$$

另外，根据广义扁长椭球波函数 $\phi_n(x)$ 在无穷区间 $(-\infty,\infty)$ 上的正交性可以计算得

$$\int_{-\infty}^{\infty}\left|f(x)\right|^2\mathrm{d}x = \frac{\pi b}{\sigma}\sum_{n=0}^{\infty}\left|a_n'\right|^2 \tag{7-33}$$

由式（7-33）和式（7-32）有

$$r = \frac{\sum_{n=0}^{\infty}\lambda_n^2\left|a_n'\right|^2}{\sum_{n=0}^{\infty}\left|a_n'\right|^2} \leqslant \frac{\lambda_0^2\sum_{n=0}^{\infty}\left|a_n'\right|^2}{\sum_{n=0}^{\infty}\left|a_n'\right|^2} = \lambda_0^2 \tag{7-34}$$

第 7 章 广义 4f 光学系统分析

在式（7-30）中，若当 $n \geqslant 1$ 时 $a_n' = 0$，则 r 达到最大值 λ_0^2。此时 $f(x)$ 为零阶广义扁长椭球波函数 $\phi_0(x)$。故零阶广义扁长椭球波函数是所有 (a,b,c,d) 线性正则变换域 σ 带限信号中通过广义 4f 光学系统后能量损失最小的信号，且其能量保持率为 λ_0^2。

零阶广义扁长椭球波函数除具有前面给出的最大能量保持率性质之外，下面的讨论将说明其还具有最大能量聚集性。

1959 年，Shannon 在参观贝尔实验室时曾提出一个著名问题：一个函数在多大程度上它的频谱限制于有限带宽而同时又在时域上是集中分布的？这个问题一经提出，马上引起了贝尔实验室 Slepian、Pollack 和 Landau 的广泛关注[4-8]。Slepian 在文献[4]中回答了 Shannon 的问题，指出零阶扁长椭球波函数在给定时间区间内具有最大能量聚集性。近年来，人们对线性正则变换的深入研究发现[9-11]：任何信号都不可能在空域和线性正则变换域同时有限支撑（除一些极特殊情况外，如线性正则变换退化为尺度算子、Chirp 乘积等）。为此，一个急需解决的问题是要确定一个线性正则变换域带限信号，此信号在空域具有最大能量聚集性。即确定一个线性正则变换域带限信号 $f(x)$，使得其在有限区间 $(-L,L)$ 上的能量 $\|f\|_L^2$ 与其总能量 $\|f\|_\infty^2$ 的比值 r 最大。

$$r = \frac{\|f\|_L^2}{\|f\|_\infty^2} = \frac{\int_{-L}^{L}|f(x)|^2\,\mathrm{d}x}{\int_{-\infty}^{\infty}|f(x)|^2\,\mathrm{d}x} \tag{7-35}$$

由广义扁长椭球波函数的正交基性质可知，任意线性正则变换域带限信号 $f(x)$ 都可以表示为

$$f(x) = \sum_{n=0}^{\infty} a'_n \phi_n(x) \tag{7-36}$$

系数 a'_n 见式（7-31）。根据广义扁长椭球波函数 $\phi_n(x)$ 在有限区间 $(-L, L)$ 上的正交性可以计算得

$$\int_{-L}^{L} |f(x)|^2 \, dx = \frac{\pi b}{\sigma} \sum_{n=0}^{\infty} \lambda_n |a'_n|^2 \tag{7-37}$$

将式（7-37）和式（7-33）代入式（7-35）有

$$r = \frac{\sum_{n=0}^{\infty} \lambda_n |a'_n|^2}{\sum_{n=0}^{\infty} |a'_n|^2} \leq \frac{\lambda_0 \sum_{n=0}^{\infty} |a'_n|^2}{\sum_{n=0}^{\infty} |a'_n|^2} = \lambda_0 \tag{7-38}$$

式中，λ_0 是广义 4f 光学系统的最大本征值。在式（7-36）中，若当 $n \geq 1$ 时 $a'_n = 0$，则 r 达到最大值 λ_0。此时 $f(x)$ 为相应于本征值 λ_0 的广义扁长椭球波函数 $\phi_0(x)$，即零阶广义扁长椭球波函数。说明零阶广义扁长椭球波函数是所有线性正则变换域带限信号中在空域具有最大能量聚集性的信号。

另外，广义扁长椭球波函数 $\phi_n(x)$ 的总能量 $\|\phi_n(x)\|_\infty^2$ 为 $\pi b/\sigma$，而其在有限区间 $(-L, L)$ 内的能量 $\|\phi_n(x)\|_L^2$ 为 $\pi b \lambda_n/\sigma$。由于 $\phi_n(x)$ 在有限区间 $(-L, L)$ 内的能量总是小于其总能量，故可得广义 4f 光学系统的本征值 λ_n 小于 1。此外，若广义扁长椭球波函数 $\phi_n(x)$ 对应的本征值 λ_n 接近于 0，则 $\phi_n(x)$ 的大部分能量都集中在区间 $(-L, L)$ 之外；而若广义扁长椭球波函数 $\phi_n(x)$ 对应的本征值 λ_n 接近于 1，则 $\phi_n(x)$ 的绝大部分能量都集中在区间 $(-L, L)$ 内。因为 λ_0 为最大本征值，故零阶广义扁长椭球波函数 $\phi_n(x)$ 具有最大能量聚集性。

7.4　广义 4f 光学系统的逆问题

广义 4f 光学系统的逆问题是指通过观测到的系统输出 $g(x)$ 估计输入 $f(x')$ 的问题。在一般情况下，此逆问题是病态的，即输出的一个很小偏差都可能导致输入的一个极大改变。下面基于广义扁长椭球波函数来研究此问题。对于任意 $(-L, L)$ 上的能量有限信号 $f(x')$，有

$$f(x') = \sum_{k=0}^{\infty} a_k \phi_k(x') \tag{7-39}$$

则其输出 $g(x)$ 可计算为

$$\begin{aligned} g(x) &= \int_{-L}^{L} f(x') G_{(a,b,c,d)}(x, x') \mathrm{d}x' \\ &= \sum_{k=0}^{\infty} a_k \lambda_k \phi_k(x) \end{aligned} \tag{7-40}$$

式（7-40）两端同乘 $\phi_k^*(x)$，在 $(-L, L)$ 上积分并利用广义扁长椭球波函数的正交性可得

$$a_k = \frac{\sigma}{\pi b \lambda_k} \int_{-L}^{L} g(x) \phi_k^*(x) \mathrm{d}x \tag{7-41}$$

另外，因为 $g(x)$ 是 (a, b, c, d) 线性正则变换域 σ 带限的，且广义扁长椭球波函数构成线性正则变换域带限信号空间的正交基，故有

$$g(x) = \sum_{k=0}^{\infty} b_k \phi_k(x) \tag{7-42}$$

对比式（7-40）和式（7-42）可得

$$b_k = \lambda_k a_k \tag{7-43}$$

若已知像 $g(x)$，则 b_k 已知，故可求得

$$a_k = \frac{b_k}{\lambda_k} \tag{7-44}$$

从而可以恢复原物，即原物在广义扁长椭球波函数下的第 k 个分量可以通过对象的第 k 个分量除以本征值 λ_k 得到。

当有噪声存在时，则不可以通过上述方法恢复原物。假设观测到的带有噪声的输出为 $g_1(x)$，且

$$g_1(x) = g(x) + n(x) \tag{7-45}$$

式中

$$n(x) = \sum_{k=0}^{\infty} c_k \phi_k(x) \tag{7-46}$$

$n(x)$ 为噪声分布，故有

$$g_1(x) = \sum_{k=0}^{\infty} (b_k + c_k)\phi_k(x) = \sum_{k=0}^{\infty} (\lambda_k a_k + c_k)\phi_k(x) \tag{7-47}$$

输入 $f(x')$ 可表示为

$$f(x') = \sum_{k=0}^{\infty} \left(a_k + \frac{c_k}{\lambda_k} \right) \phi_k(x') \tag{7-48}$$

由于本征值序列在 $k = [2\sigma L/(\pi b)]$ 处迅速下降且快速趋于 0，即当 k 大于 $[2\sigma L/(\pi b)]$ 时，式（7-48）中的 c_k/λ_k 项迅速趋于无穷。因此随着求和项数的不断增加，噪声将严重影响系统输入的恢复。故为了准确地恢复系统输入，式（7-48）中求和项可取式（7-49）中有限项的形式

$$f(x') = \sum_{k=0}^{N-1}\left(a_k + \frac{c_k}{\lambda_k}\right)\phi_k(x') \qquad (7\text{-}49)$$

式中，$N = [2\sigma L/(\pi b)]$ 为广义 4f 光学系统的空间带宽积。

参考文献

[1] K. K. Sharma, S. D. Joshi. Uncertainty Principle for Real Signals in the Linear Canonical Transform Domains[J]. IEEE Trans. Signal Process., 2008, 56(7):2677-2683.

[2] J. Zhao, R. Tao, Y. L. Li, et al. Uncertainty Principles for Linear Canonical Transform[J]. IEEE Trans. Signal Process., 2009, 57(7):2856-2858.

[3] A. Stern. Uncertainty Principles in Linear Canonical Transform Domains and Some of Their Implications in Optics[J]. J. Opt. Soc. Am. A, 2008, 25(3):647-652.

[4] D. Slepian, H. O. Pollak. Prolate Spheroidal Wave Functions, Fourier Analysis and Uncertainty- I[J]. Bell Syst. Tech. J., 1961, 40:43-63.

[5] H. J. Landau, H. O. Pollak. Prolate Spheroidal Wave Functions, Fourier Analysis and Uncertainty- II[J]. Bell Syst. Tech. J., 1961, 40:65-84.

[6] H. J. Landau, H. O. Pollak. Prolate Spheroidal Wave Functions, Fourier Analysis and Uncertainty-III[J]. Bell Syst. Tech. J., 1962, 41:1295-1336.

[7] D. Slepian. Prolate Spheroidal Wave Functions, Fourier Analysis and Uncertainty-IV: Extensions to many Dimensions; Generalized Prolate Spheroidal Functions[J]. Bell Syst. Techn. J., 1962, 43:3009-3057.

[8] H. J. Landau, H. O. Pollack. The Eigenvalue Distribution of Time and Frequency Limiting[J]. J. Math. Phys., 1980, 77:469-481.

[9] K. K. Sharma. New Inequalities for Signal Spreads in Linear Canonical Transform Domains[J]. Signal Process., 2010, 90(3):880-884.

[10] X. Guanlei, W. Xiaotong, X. Xiaogang. Three Uncertainty Relations for Real Signals Associated with Linear Canonical Transform[J]. IET Signal Process., 2009,3(1):85-92.

[11] G. L. Xu, X. T. Wang, X. G. Xu. New Inequalities and Uncertainty Relations on Linear Canonical Transform Revisit[J]. EURASIP J. Adv. Signal Process., 2009:563265.

第 8 章

基于广义扁长椭球波函数的光学信号分析

8.1 基于广义扁长椭球波函数的采样定理

由于广义 4f 光学系统的本征函数——广义扁长椭球波函数构成线性正则变换域 σ 带限信号空间的正交基,故任意线性正则变换域 σ 带限信号 $f(x)$ 都可以表示成广义扁长椭球波函数 $\phi_n(x)$ 的加权组合形式

$$f(x) = \sum_{n=0}^{\infty} a'_n \phi_n(x) \tag{8-1}$$

式(8-1)两端同乘 $\phi_m^*(x)$,在 $(-\infty,\infty)$ 上积分,再利用广义扁长椭球波函数在 $(-\infty,\infty)$ 上的正交性可得

$$a'_n = \frac{\sigma}{\pi b} \int_{-\infty}^{\infty} f(x) \phi_n^*(x) \mathrm{d}x \tag{8-2}$$

将式(8-2)中的 $f(x)$ 和 $\phi_n(x)$ 分别用采样公式展开得

$$a'_n = \frac{\sigma}{\pi b}\int_{-\infty}^{\infty}\left[\frac{\pi b}{\sigma}\sum_{k=-\infty}^{\infty}f(x_k)G_{(a,b,c,d)}(x,x_k)\right]\left[\frac{\pi b}{\sigma}\sum_{l=-\infty}^{\infty}\phi_n^*(x_l)G_{(a,b,c,d)}^*(x,x_l)\right]dx$$

$$= \frac{\pi b}{\sigma}\sum_{k=-\infty}^{\infty}\sum_{l=-\infty}^{\infty}f(x_k)\phi_n^*(x_l)\int_{-\infty}^{\infty}G_{(a,b,c,d)}(x,x_k)G_{(a,b,c,d)}^*(x,x_l)dx \quad (8\text{-}3)$$

$$= \sum_{k=-\infty}^{\infty}f(x_k)\phi_n^*(x_k)$$

式中，$x_k = k\pi b/\sigma$，$x_l = l\pi b/\sigma$，且 k 和 l 为整数。由上面的讨论可得如下线性正则变换域带限信号的采样定理。

定理 1：若信号 $f(x)$ 是 (a,b,c,d) 线性正则变换域 σ 带限的，则 $f(x)$ 可以通过式（8-4）唯一确定。

$$f(x) = \sum_{k=-\infty}^{\infty}f(x_k)\psi_k(x) \quad (8\text{-}4)$$

式中，$x_k = k\pi b/\sigma$ 且

$$\psi_k(x) = \sum_{n=0}^{\infty}\phi_n(x)\phi_n^*(x_k) \quad (8\text{-}5)$$

由上面的推导过程不难发现，定理 1 只依赖于描述线性正则变换的参数 (a,b,c,d) 和线性正则变换域带限参数 σ，而与空限参数 L 无关，即无论 L 取何正实数，定理 1 都成立。

考虑图 8-1(a)中所示信号 $f(x)$，其 $(1,1,0,1)$ 线性正则变换 $\tilde{f}_{(1,1,0,1)}(u)$ 为

$$\tilde{f}_{(1,1,0,1)}(u) = \begin{cases} \exp(iu^2/2), & |u| \leq \pi \\ 0, & |u| > \pi \end{cases} \quad (8\text{-}6)$$

$\tilde{f}_{(1,1,0,1)}(u)$ 如图 8-1(b)所示，可见 $\tilde{f}_{(1,1,0,1)}(u)$ 只在有限区间 $[-\pi,\pi]$ 内取值非零，而在其他情况下均取零值。故信号 $f(x)$ 是 $(1,1,0,1)$ 线性正则变换域 π 带限的，由定理 1 知 $f(x)$ 可以由广义扁长椭球波函数 $\phi_{n,(1,1,0,1),L,\pi}$ 和其自身的采样值 $f(x)$ 完全重构，其中参数 L 可取任意正实数。为了不失一般

第8章 基于广义扁长椭球波函数的光学信号分析

性，取 $L=3$ 和 $L=2$。图 8-1(c)和图 8-1(d)分别给出了当 $L=3$ 时的重构信号，以及原信号与重构信号的偏差。由图 8-1(d)可知，原信号与重构信号的差值小于 2×10^{-11}，说明当 $L=3$ 时原信号 $f(x)$ 可以由广义扁长椭球波函数完全重构。图 8-2 给出了当 $L=3$ 时用于重构 $f(x)$ 的前 8 个广义扁长椭球波函数 $\phi_{n,(1,1,0,1),3,\pi}$，其中实线和虚线分别表示实部和虚部。当 $L=2$ 时，用于重构原信号 $f(x)$ 的前 8 个广义扁长椭球波函数 $\phi_{n,(1,1,0,1),2,\pi}$ 如图 8-3 所示，其中实线和虚线分别表示实部和虚部。当 $L=2$ 时的重构信号及重构信号与原信号 $f(x)$ 的偏差分别如图 8-4(a)和图 8-4(b)所示。由图 8-4(b)可知，原信号与重构信号的差值小于 6×10^{-12}，说明当 $L=2$ 时，原信号 $f(x)$ 也可以由广义扁长椭球波函数完全重构。故证实了定理 1 的正确性和有效性，同时也证实了定理 1 不依赖于空限参数 L。

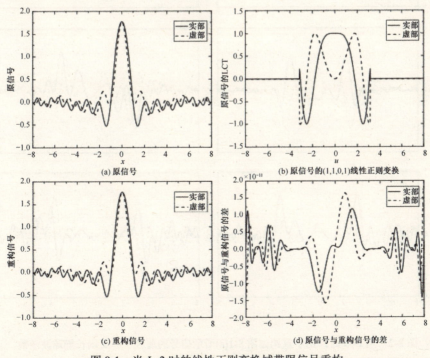

图 8-1 当 $L=3$ 时的线性正则变换域带限信号重构

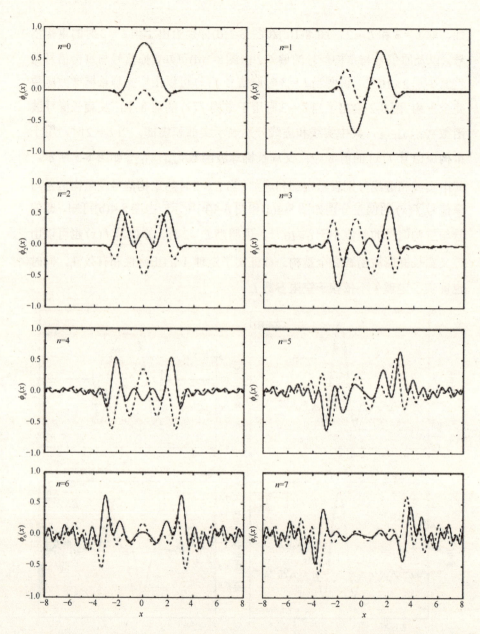

图 8-2 当 $L=3$ 时,用于重构如图 8-1(a)所示信号的前 8 个广义扁长椭球波函数

第8章 基于广义扁长椭球波函数的光学信号分析

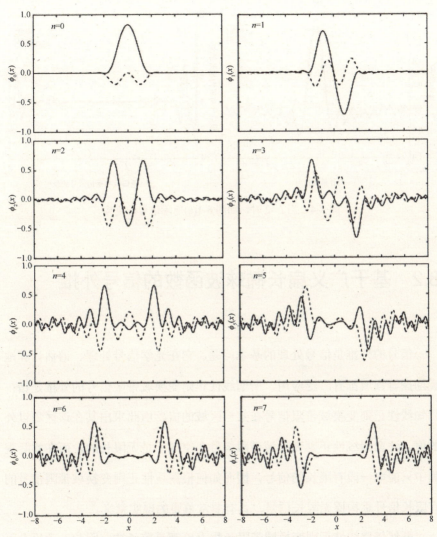

图 8-3 当 $L=2$ 时,用于重构如图 8-1(a)所示信号的前 8 个广义扁长椭球波函数

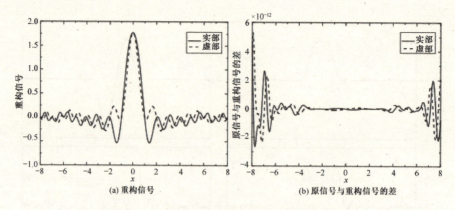

图 8-4 当 $L=2$ 时，如图 8-1(a)所示信号的重构

8.2 基于广义扁长椭球波函数的信号外推

信号的外推是信号处理的基本问题，它在光学信号处理、谱估计和地震勘探等领域都有广泛应用。所谓线性正则变换域带限信号的外推是指：已知线性正则变换域带限信号在某一区域的值，由此求出其在该区域以外的值。注意到线性正则变换域带限信号在空域上是无限长的，而在实际观测中只能取一段有限长的信号，因而如何根据线性正则变换域带限信号的有限长信号重构原无限长信号，具有非常重要的现实意义。

既然任意线性正则变换域带限函数 $f(x)$ 都是整函数，因此，理论上可以由 $f(x)$ 在任意有限区间 $(-L,L)$ 上的取值决定其在任意点处的值，无论这个有限区间 $(-L,L)$ 有多小。例如，可以计算 $f(x)$ 在有限区间 $(-L,L)$ 内 $x=0$ 处的连续导数，然后利用 Taylor 展开式(8-7)得到 $f(x)$ 在任意点 x 处的值。

第8章 基于广义扁长椭球波函数的光学信号分析

$$f(x)=\sum_{n=-\infty}^{\infty} f^{(n)}(0)\frac{x^n}{n!} \tag{8-7}$$

显然，$f(x)$ 在 $x=0$ 点处的 n 阶导数 $f^{(n)}(0)$ 可以由 $f(x)$ 在任意小区间内的值计算得到。然而，由于导数计算具有不稳定性，这种 Taylor 级数展开的方法非常不稳定[1]，而且这样得到的估计函数也不是线性正则变换域带限的。

广义扁长椭球波函数 $\phi_n(x)$ 提供了一种新的外推方法。对于任意线性正则变换域带限信号，$f(x)$ 可以写成广义扁长椭球波函数 $\phi_n(x)$ 的线性叠加形式

$$f(x)=\sum_{n=-\infty}^{\infty} a'_n \phi_n(x) \tag{8-8}$$

式中

$$a'_n = \frac{\sigma}{\pi b}\int_{-\infty}^{\infty} f(x)\phi_n^*(x)\,\mathrm{d}x \tag{8-9}$$

另外，式（8-8）左右两端同乘 $\phi_m^*(x)$，在区间 $(-L,L)$ 上积分，再利用广义扁长椭球波函数在有限区间 $(-L,L)$ 上的正交性可得

$$a'_n = \frac{\sigma}{\pi b \lambda_n}\int_{-L}^{L} f(x)\phi_n^*(x)\mathrm{d}x \tag{8-10}$$

这样，信号 $f(x)$ 在基函数 $\phi_n(x)$ 下的系数 a'_n 就可由 $f(x)$ 在有限区间 $(-L,L)$ 内的值通过式（8-10）确定。故对于任意 x，$f(x)$ 可以由其在有限区间 $(-L,L)$ 内的取值通过式（8-10）和式（8-8）完全确定，即实现了信号 $f(x)$ 的外推。从而对任意 x，可以用式（8-11）来近似 $f(x)$。

$$f_N = \sum_{n=0}^{N} a'_n \phi_n(x) \tag{8-11}$$

这个近似本身是线性正则变换域带限的，且最小均方误差为

$$\int_{-\infty}^{\infty}|f(x)-f_N(x)|^2 \mathrm{d}x = \frac{\pi b}{\sigma}\sum_{n=N+1}^{\infty}|a'_n|^2 \tag{8-12}$$

由广义扁长椭球波函数 $\phi_n(x)$ 在 $(-\infty,\infty)$ 上的正交性可得

$$\|f\|_\infty^2 = \int_{-\infty}^{\infty} |f(x)|^2 dx = \frac{\pi b}{\sigma} \sum_{n=0}^{\infty} |a_n'|^2 \qquad (8\text{-}13)$$

说明均方误差随着 N 的增大而减小,故可以通过充分增大 N 使均方误差变得充分小。

同样考虑如图 8-2(a)所示的线性正则变换域带限信号 $f(x)$。现假设已知 $f(x)$ 在有限区间(-3,3)上的值,要求从 $f(x)$ 的这段有限长信号重构原无限长信号。根据前面的讨论,$f(x)$ 可以由其在有限区间(-3,3)内的值及广义扁长椭球波函数 $\phi_n(x)$ 通过式(8-10)和式(8-8)进行外推。图 8-8 证实了所提外推方法的有效性。

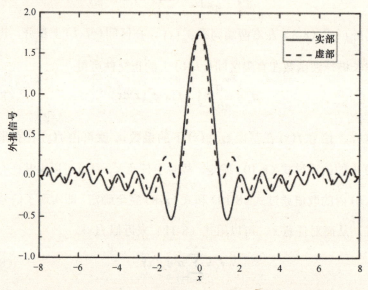

图 8-5　如图 8-1(a)所示线性正则变换域带限信号的外推

8.3 基于广义扁长椭球波函数的信号重构

假设信号 $f(x)$ 是 (a,b,c,d) 线性正则变换域 σ 带限的，$f(x_n)(n=0,1,\cdots,N-1)$ 是 N 个已知的采样值，N 是有限整数，x_n 互不相同且可以取任意值 $-\infty \leqslant x_n \leqslant \infty$。现在的问题是根据已知信息重构原信号 $f(x)$。

第 2 章讨论的线性正则变换域带限信号均匀和非均匀采样定理指出：任意线性正则变换域带限信号都可以由其无穷多的等间隔或满足一定条件的非等间隔采样值完全重构。尽管这里要恢复的信号 $f(x)$ 是线性正则变换域带限的，但是所讨论的信号重构问题却不满足采样定理的条件，原因如下。

（1）已知的采样值只有有限个，即 $f(x_n)(n=0,1,\cdots,N-1)$。

（2）采样点 x_n 是任意非等间隔分布的。

基于以上两点原因，由已知的有限非均匀采样值得不到原信号的完全重构，因此，信号的近似估计是一个重要的研究课题。尽管不可能由有限非均匀采样值完全恢复原信号 $f(x)$，但是下面的研究结果表明可以尽可能近似地重构原信号 $f(x)$。在信号的近似估计问题中，评价近似程度的标准起着非常重要的作用。令 f_1 表示 f 的重构信号，一个简单且常用的度量 f_1 与 f 之间偏差的量为

$$\|f_1-f\|^2 = \int_{-\infty}^{\infty}|f_1(x)-f(x)|^2 dx \qquad (8-14)$$

式（8-14）即为均方误差。下面讨论有限非均匀采样线性正则变换域带限信号的最小均方误差重构问题。

广义扁长椭球波函数 $\phi_n(x)$ 满足下列关系式

$$\frac{\sigma}{\pi b}\sum_{n=0}^{\infty}\phi_n(x)\phi_n^*(x)=G_{(a,b,c,d)}(x,x') \tag{8-15}$$

式中，$G_{(a,b,c,d)}(x,x')$ 为 (a,b,c,d) 线性正则变换域 σ 带限信号空间的再生核函数。鉴于广义扁长椭球波函数与再生核函数之间的关系及再生核函数的特殊性质，考虑 $f(x)$ 的估计 $f_N(x)$

$$\begin{aligned}f_N(x)&=\sum_{k=0}^{\infty}\left[\sum_{n=0}^{N-1}C_n\frac{\sigma}{\pi b}\phi_k^*(x_n)\right]\phi_k(x)\\&=\sum_{n=0}^{N-1}C_nG_{(a,b,c,d)}(x,x_n)\end{aligned} \tag{8-16}$$

式中，$x_n(n=0,1,\cdots,N-1)$ 是已知的非等间隔采样点。下面通过最小均方误差 $e_f^2=\|f-f_N\|^2$ 来确定 $f_N(x)$。范数 $\|\cdot\|$ 定义为 $\sqrt{\langle\cdot,\cdot\rangle}$，两个信号 f 与 g 的内积 $\langle f,g\rangle$ 定义为

$$\langle f,g\rangle=\int_{-\infty}^{\infty}f(x)g^*(x)\mathrm{d}x \tag{8-17}$$

由式（8-16）可知，$f_N(x)$ 是再生核函数 $G_{(a,b,c,d)}(x,x_n)$ 的加权组合，$G_{(a,b,c,d)}(x,x_n)$ 是 (a,b,c,d) 线性正则变换域 σ 带限的，故 $f_N(x)$ 也是 (a,b,c,d) 线性正则变换域 σ 带限的，即 $f_N(x)\in H_{(a,b,c,d)}^{\sigma}$。令 V_N 表示由式（8-18）中的序列线性张成的空间，则 $f_N\in V_N\subset H_{(a,b,c,d)}^{\sigma}$。

$$\{G_{(a,b,c,d)}(x,x_m),\ m=0,1,\cdots,N-1\} \tag{8-18}$$

根据投影定理有 $(f(x)-f_N(x))\perp V_N$，从而有

$$\langle f(x)-f_N(x),G_{(a,b,c,d)}(x,x_m)\rangle=0,\ m=0,1,\cdots,N-1 \tag{8-19}$$

由内积的线性性质可得

第8章 基于广义扁长椭球波函数的光学信号分析

$$\langle f(x), G_{(a,b,c,d)}(x,x_m)\rangle = \langle f_N(x), G_{(a,b,c,d)}(x,x_m)\rangle$$
$$= \sum_{n=0}^{N-1} C_n \langle G_{(a,b,c,d)}(x,x_n), G_{(a,b,c,d)}(x,x_m)\rangle \quad (8\text{-}20)$$

再由 $G_{(a,b,c,d)}(x,x_m)$ 的再生核性质有

$$f(x_m) = \sum_{n=0}^{N-1} C_n G_{(a,b,c,d)}(x_m,x_n) = f_N(x_m) \quad (8\text{-}21)$$

式（8-21）说明重构信号 f_N 与原信号 f 在已知的非均匀采样点 $x_n = 0(n=1,\cdots,N-1)$ 处具有相同的取值，这正是信号估计问题中所期望得到的插值性质。

利用向量记号，式（8-20）可以写成如下形式

$$\boldsymbol{f} = \boldsymbol{GC} \quad (8\text{-}22)$$

式中，$\boldsymbol{f} = [f(x_0), f(x_1), \cdots, f(x_{N-1})]^{\mathrm{T}}$，$\boldsymbol{C} = [C_0, C_1, \cdots, C_{N-1}]^{\mathrm{T}}$，$\boldsymbol{G}$ 是一个 $N \times N$ 矩阵，其 m 行 n 列的元素为 $G_{(a,b,c,d)}(x_m, x_n)$。因为矩阵 $\boldsymbol{G}$ 的元素满足下式中的条件

$$G_{(a,b,c,d)}(x_m, x_n) = G^*_{(a,b,c,d)}(x_n, x_m) \quad (8\text{-}23)$$

故 $\boldsymbol{G}$ 是一个 Hermitian 矩阵。另外，对任意的非零向量 $\boldsymbol{x} = [x(0), x(1), \cdots, x(N-1)]^{\mathrm{T}}$，有

$$\begin{aligned}
\boldsymbol{x}^{\mathrm{H}} \boldsymbol{G} \boldsymbol{x} &= \sum_{m=0}^{N-1} x^*(m) \sum_{n=0}^{N-1} G_{(a,b,c,d)}(x_m, x_n) x(n) \\
&= \sum_{m=0}^{N-1} x^*(m) \sum_{n=0}^{N-1} \int_{-\infty}^{\infty} G_{(a,b,c,d)}(x, x_n) G^*_{(a,b,c,d)}(x, x_m) x(n) \mathrm{d}x \\
&= \int_{-\infty}^{\infty} |\sum_{n=0}^{N-1} x(n) G_{(a,b,c,d)}(x, x_n)|^2 \, \mathrm{d}x > 0
\end{aligned} \quad (8\text{-}24)$$

式中，上标 H 表示 Hermitian 转置。故 G 是一个 Hermitian 正定矩阵，从而 C 有唯一解：$C = G^{-1}f$。由上面的讨论可以得到如下定理。

定理 2：令 $f(x)$ 是 (a,b,c,d) 线性正则变换域 σ 带限信号，$x_n(n=0,1,\cdots,N-1)$ 是互不相同的有限非均匀采样点。令 V_N 表示由序列 $\{G_{(a,b,c,d)}(x,x_n), n=0,1,\cdots,N-1\}$ 线性张成的空间，则在 V_N 中存在 f 的一个最小均方误差重构 f_N，使得 $\|f-f_N\|^2 = \min_{g \in V_N}\|f-g\|^2$，且 f_N 可以由广义扁长椭球波函数 $\phi_k(x)$ 表示为

$$f_N(x) = \sum_{k=0}^{\infty}\left[\sum_{n=0}^{N-1}C_n\frac{\sigma}{\pi b}\phi_k^*(x_n)\right]\phi_k(x) \tag{8-25}$$

式中，$C = [C_0, C_1, \cdots, C_{N-1}]^T$ 可由式（8-26）计算得到。

$$C = G^{-1}f \tag{8-26}$$

其中，$f = [f(x_0), f(x_1), \cdots, f(x_{N-1})]^T$，$G$ 是一个 $N \times N$ 的矩阵，其 m 行 n 列元素为 $G_{(a,b,c,d)}(x_m, x_n)$。

特别地，当参数 $(a,b,c,d) = (\cos\alpha, \sin\alpha, -\sin\alpha, \cos\alpha)$ 时，可得有限非均匀采样经典分数傅里叶变换域带限信号的如下结果：令 $f(x)$ 是 α 阶经典分数傅里叶变换域 σ 带限信号，$x_n(n=0,1,\cdots,N-1)$ 是互不相同的有限非均匀采样点。令 V_N 表示由序列 $\{G_{(\cos\alpha,\sin\alpha,-\sin\alpha,\cos\alpha)}(x,x_n), n=0,1,\cdots,N-1\}$ 线性张成的空间，则在 V_N 中存在 f 的一个最小均方误差重构 f_N，使得 $\|f-f_N\|^2 = \min_{g \in V_N}\|f-g\|^2$，且 f_N 可以由广义扁长椭球波函数 $\phi_k(x)$ 表示为

$$f_N(x) = \sum_{k=0}^{\infty}\left[\sum_{n=0}^{N-1}C_n\frac{\sigma}{\pi b}\phi_k^*(x_n)\right]\phi_k(x) \tag{8-27}$$

式中，$C=[C_0,C_1,\cdots,C_{N-1}]^T$ 可由式（8-28）计算得到。

$$C=G^{-1}f \quad (8-28)$$

其中，$f=[f(x_0),f(x_1),\cdots,f(x_{N-1})]^T$，$G$ 是一个 $N\times N$ 矩阵，其 m 行 n 列元素为 $G_{(\cos\alpha,\sin\alpha,-\sin\alpha,\cos\alpha)}(x_m,x_n)$。

当参数 $(a,b,c,d)=(0,1,-1,0)$ 时，可得有限非均匀采样带限信号的如下结果：令 $f(x)$ 是带限信号，$x_n(n=0,1,\cdots,N-1)$ 是互不相同的有限非均匀采样点。令 V_N 表示由序列 $\{G_{(0,1,-1,0)}(x,x_n)$，$n=0,1,\cdots,N-1\}$ 线性张成的空间，则在 V_N 中存在 f 的一个最小均方误差重构 f_N，使得 $\|f-f_N\|^2=\min_{g\in V_N}\|f-g\|^2$，且 f_N 可以由广义扁长椭球波函数 $\varphi_k(x)$ 表示为

$$f_N(x)=\sum_{k=0}^{\infty}\left[\sum_{n=0}^{N-1}C_n\frac{\sigma}{\pi}\varphi_k^*(x_n)\right]\varphi_k(x) \quad (8-29)$$

式中，$C=[C_0,C_1,\cdots,C_{N-1}]^T$ 可由式（8-30）计算得到。

$$C=G^{-1}f \quad (8-30)$$

其中，$f=[f(x_0),f(x_1),\cdots,f(x_{N-1})]^T$；$G$ 是一个 $N\times N$ 的矩阵，其 m 行 n 列元素为 $G_{(0,1,-1,0)}(x_m,x_n)$。

下面讨论最小均方误差重构的一些重要性质。

（1）插值性质：最小均方误差重构信号 $f_N(x)$ 与原信号 $f(x)$ 在采样点 $x_n(n=1,\cdots,N-1)$ 处具有相同的值 $f(x_n)$，即 $f(x_n)=f_N(x_n)$，这一性质正是信号重构问题所期望的理想性质。

(2) 最小能量性：令 G_N 表示 (a,b,c,d) 线性正则变换域 σ 带限且在有限采样点 $x_n(n=0,1,\cdots,N-1)$ 处取值 $f(x_n)$ 的所有信号构成的空间，则 G_N 中的任意信号 $g(x)$ 都是 (a,b,c,d) 线性正则变换域 σ 带限的。由定理 2 可知，$f_N(x)$ 是 $g(x)$ 的最小均方误差重构。因此 $e_g = g - f_N$ 正交于 f_N，从而有 $\|g\|^2 = \|e_g\|^2 + \|f_N\|^2$，故 $\|g\|^2 \geqslant \|f_N\|^2$。这说明定理 2 中给出的最小均方误差重构 f_N 等于最小能量线性正则变换域带限插值，即 $\|f_N\|^2 = \inf_{g \in G_N} \|g\|^2$。

(3) 单调性质：令 $\{x_n, n=0,1,\cdots,\infty\}$ 是一无穷点列，$f_N(x)$ 是 $f(x)$ 的基于前 N 个采样 $f(x_0), f(x_1), \cdots, f(x_{N-1})$ 的最小均方误差重构信号。显然，f_{N+1} 是 (a,b,c,d) 线性正则变换域 σ 带限的，且在 $x(0), x(1), \cdots, x(N-1)$ 处取值为 $f(x_0), f(x_1), \cdots, f(x_{N-1})$，故 $f_{N+1} \in G_N$。由最小能量性质有 $\|f_N\| \leqslant \|f_{N+1}\|$。类似地，可得 $\|f_{N+1}\| \leqslant \|f\|$，从而有 $\|f_N\| \leqslant \|f_{N+1}\| \leqslant \|f\|$。这表明近似误差随采样点数的增加而单调减小，即随采样点数的不断增加，f_N 可以任意接近 f。

(4) 一致收敛性质：当 x_n 满足式 (8-31) 中的条件时，序列 $\{G_{(a,b,c,d)}(x, t_n)\}$ 构成 (a,b,c,d) 线性正则变换域 σ 带限信号空间的一组基，这里 $t_n = x_n \pi b / \sigma$[2]。

$$|x_n - n| \leqslant C < \frac{1}{4}, \ n = 0, \pm 1, \pm 2, \cdots \quad (8\text{-}31)$$

令 $\tilde{V}_N$ 表示由 $\{\tilde{G}_{(a,b,c,d)}(x, t_n), n = 0, 1, \cdots, N-1\}$ 线性张成的空间，既然线

性正则变换是酉变换，故 $\tilde{f}_{(a,b,c,d)}$ 到空间 $\tilde{V}_N$ 上的投影 $\tilde{f}_{N(a,b,c,d)}$ 在 L^2 范数意义下收敛于 $\tilde{f}_{(a,b,c,d)}$。因此给定 $\varepsilon' = (\sqrt{\pi b})/(\sqrt{\sigma})\varepsilon > 0$，存在 $M > 0$，使得 $\| \tilde{f}_{(a,b,c,d)} - \tilde{f}_{N(a,b,c,d)} \| < \varepsilon'$ 对于所有的 $N > M$ 成立。由 Cauchy-Schwarz 不等式有

$$\begin{aligned}
|f(x) - f_N(x)| &= \left| \int_{-\sigma}^{\sigma} [\tilde{f}_{(a,b,c,d)}(u) - \tilde{f}_{N(a,b,c,d)}(u)] \mathcal{K}_{(d,-b,-c,a)}(u,x) \mathrm{d}u \right| \\
&\leq \sqrt{\int_{-\sigma}^{\sigma} \left| \tilde{f}_{(a,b,c,d)}(u) - \tilde{f}_{N(a,b,c,d)}(u) \right|^2 \mathrm{d}u} \sqrt{\int_{-\sigma}^{\sigma} \frac{1}{2\pi b} \mathrm{d}u} \quad (8\text{-}32) \\
&= \sqrt{\frac{\sigma}{\pi b}} \| \tilde{f}_{(a,b,c,d)}(u) - \tilde{f}_{N(a,b,c,d)}(u) \| < \varepsilon
\end{aligned}$$

式（8-32）表明当非均匀采样点 $t_n = x_n \pi b/\sigma$ 满足条件式（8-31）时，$f_N(x)$ 一致收敛于 $f(x)$。

单调性和一致收敛性具有非常重要的理论意义：它们说明当采样点数增加时，近似误差单调减小，并且当采样点满足式（8-31）的条件时，收敛是一致的。

前面给出了有限非均匀采样线性正则变换域带限信号的最小均方误差重构公式，由于在计算最小均方误差重构时需要计算一个矩阵的逆矩阵，故当矩阵维数很大时，很难得到理想的重构信号，为此，下面将研究最小均方误差重构的迭代算法。

由线性正则变换域 σ 带限信号空间再生核函数 $G_{(a,b,c,d)}(t,x)$ 的性质可得，(a,b,c,d) 线性正则变换域 σ 带限信号中满足式（8-33）中的条件的 $y(x)$ 是信号 $f(x)$ 的一个可能解

$$f(x_n) = \int_{-\infty}^{\infty} y(x) G_{(a,b,c,d)}(x_n, x) \mathrm{d}x \qquad (8\text{-}33)$$

由 $G_{(a,b,c,d)}(t,x)$ 的再生核性质不难发现

$$f(x_n) = \langle y(x), G_{(a,b,c,d)}(x, x_n) \rangle = y(x_n) \qquad (8\text{-}34)$$

故信号 $y(x)$ 与原信号 $f(x)$ 在采样点 $x_n(n=0,1,\cdots,N-1)$ 处的取值相同，这正是信号重构问题中期望得到的插值性质。

$L[x,n]$ 是一个从离散变量 n 到连续变量 x 的算子，其算子核记为 $L(x,n)$。特别地，当两个变量都是离散变量时，算子 $L[m,n]$ 是一个普通的矩阵，其 m 行 n 列元素记为 $L(m,n)$。在算子或矩阵乘积中将重复的变量省去。例如，乘积 $K[x,n]L[n,x']$ 可记为 $KL[x,x']$，其算子核 $KL[x,x']$ 由下式给出

$$KL[x,x'] = \sum_n K[x,n]L[n,x'] \qquad (8\text{-}35)$$

类似地，记乘积 $L[n,x]K[x,m]$ 为 $LK[n,m]$。$LK[n,m]$ 是一个矩阵，其元素 $LK[n,m]$ 如下

$$LK[n,m] = \int_{-\infty}^{\infty} L[n,x]K[x,m]\mathrm{d}x \qquad (8\text{-}36)$$

利用上面的算子记号，式（8-33）可以写成

$$f(x_n) = L[n,x]y(x) \qquad (8\text{-}37)$$

式中，$f(x_n)$ 是已知的采样值，$L[n,x]$ 是算子，其算子核为

$$L[n,x] = G_{(a,b,c,d)}(x_n, x) \qquad (8\text{-}38)$$

则信号 $f(x)$ 的重构问题就归结为求解算子 L 的逆算子问题，且式（8-39）即为式（8-33）的解。

$$h(x) = L^{-1}f(x_n) \qquad (8\text{-}39)$$

下面用奇异值分解的方法求算子 L 的逆算子 L^{-1}。令 L^H 表示算子 L 的

Hermitian 共轭算子，其算子核为

$$L^{\mathrm{H}}(x,n) = L^{*}[n,x] = G_{(a,b,c,d)}(x,x_n) \tag{8-40}$$

奇异值分解法就是寻找式（8-41）和式（8-42）的解。

$$L[n,x]u(x) = \lambda v[n] \tag{8-41}$$

$$L^{\mathrm{H}}[x,n]v[n] = \lambda u(x) \tag{8-42}$$

式中，λ 为参数。将式（8-42）代入式（8-41）得到

$$LL^{\mathrm{H}}[n,m]v[m] = \lambda^2 v[n] \tag{8-43}$$

即 $v[n]$ 是矩阵 $LL^{\mathrm{H}}[n,m]$ 的本征向量，λ^2 是相应的本征值。同样，将式（8-41）代入式（8-42）得到

$$L^{\mathrm{H}}L[x,x']u(x') = \lambda^2 u(x) \tag{8-44}$$

说明 $u(x)$ 是算子 $L^{\mathrm{H}}L[x,x']$ 的本征函数，λ^2 是相应的本征值。由此可见，λ^2 是算子 $L^{\mathrm{H}}L[x,x']$ 和 $LL^{\mathrm{H}}[n,m]$ 共同的本征值。

矩阵 $LL^{\mathrm{H}}[n,m]$ 的元素可以计算为

$$\begin{aligned} LL^{\mathrm{H}}(n,m) &= \int_{-\infty}^{\infty} L(n,x)L^{\mathrm{H}}(x,m)\mathrm{d}x \\ &= \int_{-\infty}^{\infty} G_{(a,b,c,d)}^{*}(x,x_n) G_{(a,b,c,d)}(x,x_m)\mathrm{d}x \\ &= G_{(a,b,c,d)}(x_n,x_m) \end{aligned} \tag{8-45}$$

因为矩阵 $LL^{\mathrm{H}}[n,m]$ 的元素满足条件

$$G_{(a,b,c,d)}(x_m,x_n) = G_{(a,b,c,d)}^{*}(x_n,x_m) \tag{8-46}$$

故 G 是一个 Hermitian 矩阵。对任意非零向量 $x = [x(0),x(1),\cdots,x(N-1)]^{\mathrm{T}}$，有

$$\begin{aligned}x^{\mathrm{H}}Gx &= \sum_{m=0}^{N-1} x^*(m) \sum_{n=0}^{N-1} G_{(a,b,c,d)}(x_m, x_n) x(n) \\ &= \sum_{m=0}^{N-1} x^*(m) \sum_{n=0}^{N-1} x(n) \int_{-\infty}^{\infty} G_{(a,b,c,d)}(x, x_n) G^*_{(a,b,c,d)}(x, x_m) \mathrm{d}x \\ &= \int_{-\infty}^{\infty} \left| \sum_{n=0}^{N-1} x(n) G_{(a,b,c,d)}(x, x_n) \right|^2 \mathrm{d}x > 0\end{aligned} \quad (8\text{-}47)$$

式中，上标 H 表示 Hermitian 转置。因此，矩阵 $LL^{\mathrm{H}}[n,m]$ 是一个 Hermitian 正定矩阵。故可以选择 $LL^{\mathrm{H}}[n,m]$ 的一组本征向量 $v_k[n]$ 满足如下的规范正交性和完全性

$$\sum_n v_k(n) v_j^*(n) = \delta_{k,j} \quad (8\text{-}48)$$

$$\sum_n v_k(n) v_k^*(m) = \delta_{n,m} \quad (8\text{-}49)$$

故由式（8-42）生成的函数 $u_k(x)$ 也是规范正交的，即有

$$\begin{aligned}\langle u_k(x), u_j(x) \rangle &= \int_{-\infty}^{\infty} u_k(x) u_j^*(x) \mathrm{d}x \\ &= \int_{-\infty}^{\infty} [\lambda_k^{-1} \sum_m L^*(m,x) v_k(m)][(\lambda_j^{-1})^* \sum_n L(n,x) v_j^*(n)] \mathrm{d}x \\ &= \lambda_k^{-1}(\lambda_j^{-1})^* \sum_m v_k(m) \sum_n v_j^*(n) \int_{-\infty}^{\infty} L(n,x) L^*(m,x) \mathrm{d}x \\ &= \lambda_k^{-1}(\lambda_j^{-1})^* \sum_n v_j^*(n) \sum_m LL^{\mathrm{H}}(n,m) v_k(m) \\ &= \lambda_k^{-1}(\lambda_j^{-1})^* \sum_n v_j^*(n) \lambda_k^2 v_k(n) \\ &= \delta_{k,j}\end{aligned} \quad (8\text{-}50)$$

因此，由奇异值分解方法，算子 L 的核函数 $L(n,x)$ 可以展开成如下的级数形式

$$L(n,x) = \sum_k v_k(n) \lambda_k u_k^*(x) \quad (8\text{-}51)$$

式（8-51）被称为算子核 $L(n,x)$ 的奇异值分解，λ_k 为奇异值，$\sum_k v_k(n)$

为左奇异向量，$u_k^*(x)$ 为右奇异向量。由式（8-40），算子核 $L^H(x,n)$ 可以展开为

$$L^H(x,n) = \sum_k v_k^*(n)\lambda_k u_k(x) \tag{8-52}$$

而算子 L^{-1} 的核可以展开成如下的级数形式

$$L^{-1}(x,n) = \sum_k u_k(x)\lambda_k^{-1} v_k^*(n) \tag{8-53}$$

可以验证，这样定义的算子 L^{-1} 满足逆算子定义。由式（8-49）到式（8-53），有

$$\begin{aligned} LL^{-1}(n,m) &= \int_{-\infty}^{\infty} L(n,x)L^{-1}(x,m)\mathrm{d}x \\ &= \sum_j v_j(n)\lambda_j \sum_k \lambda_k^{-1} v_k^*(m) \int_{-\infty}^{\infty} u_k(x)v_j^*(x)\mathrm{d}x \\ &= \sum_k v_k(n)v_k^*(m) \\ &= \delta_{n,m} \end{aligned} \tag{8-54}$$

利用上面给出的算子 L^{-1}，式（8-37）的解 $y(x)$ 可以明确地写出

$$y(x) = \sum_k d_k u_k(x) \tag{8-55}$$

式中

$$d_k = \sum_n \lambda_k^{-1} f(x_n) v_k^*(n) \tag{8-56}$$

可以看出式（8-55）中给出的线性正则变换域带限信号基于有限非均匀采样的估计 y 是有限项扩张，扩张项数等于已知有限采样点数，扩张系数取决于已知的非均匀采样值、奇异值和奇异向量，且重构信号 y 与原信号 f 在采样点处的取值相同，即 $y(x_n) = f(x_n)$。由文献[3]可知，上述基于奇异值分解法得到的重构信号是最小能量解。因为定理 2 给出的最小均方

误差重构具有最小能量性，故这里给出的基于奇异值分解法的重构信号等价于定理 2 给出的最小均方误差重构信号。后面的计算机仿真模拟结果也证实了二者的等价性。

考虑如图 8-7(a)所示的 $(1,-1,0,1)$ 线性正则变换域 π 带限信号 $f(x)$

$$f(x) = \exp\left(\frac{\mathrm{i}}{2}x^2\right)\frac{\sin(\pi x)}{\pi x} \tag{8-57}$$

已知采样点集 $\{x_n\} = \{-1.94, -1.59, -0.14, 0.74, 1.03, 1.60, 1.97, 2.60\}$。图 8-6(a)中的实心圆点和空心圆点分别代表 $\{x_n\}$ 的实部和虚部。图 8-6(b)为 $f(x)$ 的基于 8 个采样值 $f(x_n)$ 的最小均方误差重构信号 $f_N(x)$，其中插图为原信号 $f(x)$ 与最小均方误差重构 $f_N(x)$ 的偏差，可见差值小于 4×10^{-3}。由图 8-6 可见，$f_N(x)$ 可以很好地近似 $f(x)$。

为了证实定理 2 中给出的最小均方误差重构信号与基于奇异值分解法的重构信号的等价性，本文还仿真模拟了奇异值分解方法的重构信号。用于重构信号 $f(x)$ 的奇异向量 $v_k(n)$ 和奇异函数 $u_k(x)$ 分别如图 8-7 和图 8-8 所示，其中图 8-7 中的横坐标为已知的采样点。图 8-9 给出了 $f(x)$ 的基于奇异值分解方法的重构信号，其中小图为原信号与重构信号的偏差，可见其差值小于 4×10^{-3}。图 8-10 为基于定理 2 和奇异值分解两种方法的重构信号的偏差，可见其差值小于 5×10^{-14}。这说明两种重构方法是等价的，且都可以很好地近似原信号。

第 8 章　基于广义扁长椭球波函数的光学信号分析

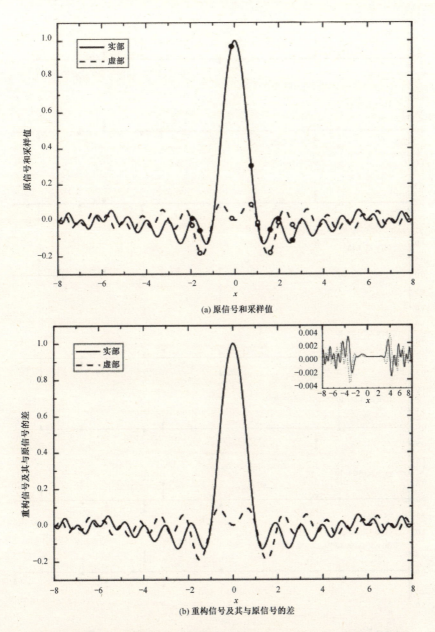

图 8-6　线性正则变换域带限信号基于有限非均匀采样的最小均方误差重构

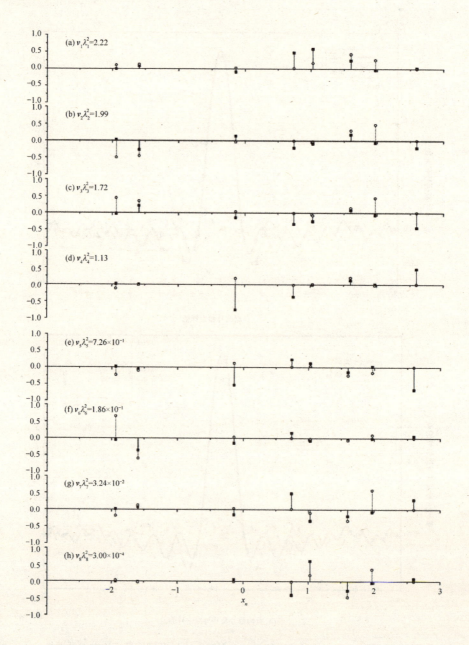

图 8-7 规范正交的奇异向量 $v_k(n)$

第8章 基于广义扁长椭球波函数的光学信号分析

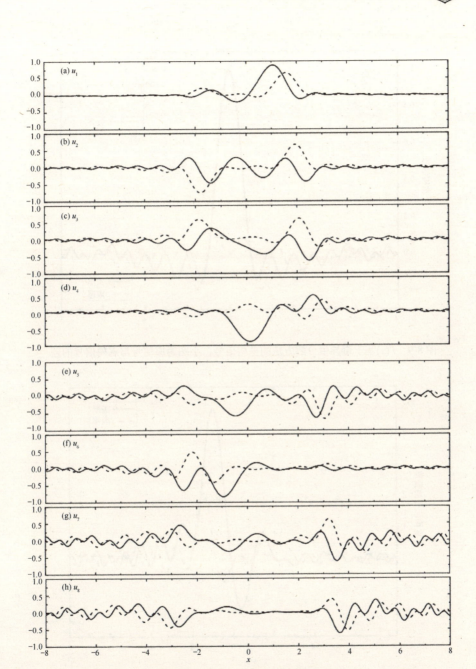

图 8-8 规范正交的奇异函数 $u_k(x)$

基于线性正则变换的光学信号与系统分析

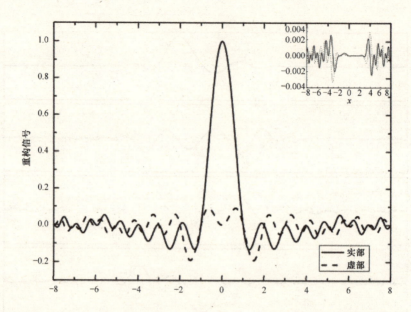

图 8-9 $f(x)$ 基于奇异值分解方法的重构信号,小图为原信号与重构信号的差

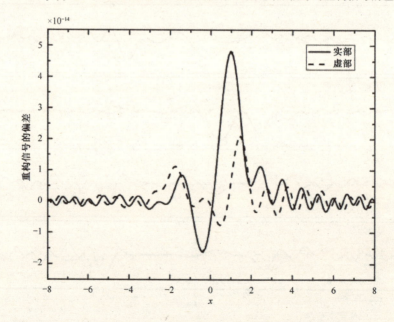

图 8-10 基于定理 2 和奇异值分解两种方法的重构信号的偏差

第8章 基于广义扁长椭球波函数的光学信号分析

前面给出了有限非均匀采样线性正则变换域带限信号的最小均方误差重构公式,由于在计算最小均方误差重构时需要计算一个矩阵的逆矩阵,故当矩阵维数很大时,很难得到理想的重构信号,为此下面将研究最小均方误差重构的迭代算法。

与 Sauer 和 Allenbach[4]给出的用于傅里叶变换情况下的迭代算法类似,下列迭代算法可以用来求解 $y(x)$。

$$y_0(x) = 0 \tag{8-58}$$

$$y_{J+1}(x) = y_J(x) + \xi \sum_n L^H(x,n)[y(x_n) - y_J(x_n)] \tag{8-59}$$

式中,ξ 满足条件 $0 < \xi < (2\pi b)/(\sigma N)$。

类似于 Papoulis[5]的方法,下面证明 $y_J(x)$ 收敛于 $y(x)$,这里的收敛指均方误差

$$e_J^2 = \int_{-\infty}^{\infty} |y(x) - y_J(x)|^2 dx \tag{8-60}$$

当 J 趋于无穷时趋于零。首先证明误差

$$y(x) - y_J(x) = \sum_k d_k (1 - \xi \lambda_k^2)^2 u_k(x) \tag{8-61}$$

当 $J=1$ 时,由式(8-52)、式(8-55)、式(8-58)和式(8-59),有

$$\begin{aligned} y(x) - y_1(x) &= y(x) - \xi \sum_n L^H(x,n) y(x_n) \\ &= \sum_k d_k u_k(x) - \xi \sum_n \sum_j v_j^*(n) \lambda_j u_j(x) \sum_k d_k u_k(x_n) \end{aligned} \tag{8-62}$$

既然 $u_k(x)$ 是 (a,b,c,d) 线性正则变换域 σ 带限的,故有

$$\begin{aligned}u_k(x_n) &= \langle u_k(x), G_{(a,b,c,d)}(x,x_n)\rangle \\ &= \int_{-\infty}^{\infty} L(n,x)u_k(x)\mathrm{d}x \\ &= \lambda_k v_k(n)\end{aligned} \quad (8\text{-}63)$$

将式（8-63）代入式（8-62），同时考虑到 v_k 的正交性，有

$$\begin{aligned}y(x)-y_1(x) &= \sum_k d_k u_k(x) - \xi\sum_n\sum_j v_j^*(n)\lambda_j u_j(x)\sum_k d_k\lambda_k v_k(n) \\ &= \sum_k d_k u_k(x) - \xi\sum_k \lambda_k^2 d_k u_k(x) \\ &= \sum_k d_k(1-\xi\lambda_k^2)u_k(x)\end{aligned} \quad (8\text{-}64)$$

故当 $J=1$ 时，式（8-61）成立。现假设当 $J=1$ 时，式（8-61）也成立。类似于 $J=1$ 时的证明可得

$$\begin{aligned}y(x)-y_{J+1}(x) &= y(x)-y_J(x)-\xi\sum_n L^{\mathrm{H}}(x,n)[y(x_n)-y_J(x_n)] \\ &= \sum_k d_k(1-\xi\lambda_k^2)^J u_k(x) - \xi\sum_n\sum_j v_j^*(n)\lambda_j u_j(x)\sum_k d_k(1-\xi\lambda_k^2)^J u_k(x_n) \\ &= \sum_k d_k(1-\xi\lambda_k^2)^J u_k(x) - \xi\sum_n\sum_j v_j^*(n)\lambda_j u_j(x)\sum_k d_k(1-\xi\lambda_k^2)^J v_k(n) \\ &= \sum_k d_k(1-\xi\lambda_k^2)^J u_k(x) - \xi\sum_k d_k(1-\xi\lambda_k^2)^J \lambda_k^2 u_k(x) \\ &= \sum_k d_k(1-\xi\lambda_k^2)^{J+1} u_k(x)\end{aligned} \quad (8\text{-}65)$$

式（8-65）中的第二步可由式（8-52）和式（8-63）直接得到。因此对于 $J+1$ 的情况，式（8-61）也成立。故式（8-61）对于所有的正整数都成立。

这样，由式（8-49）和式（8-61）有均方误差

第8章 基于广义扁长椭球波函数的光学信号分析

$$
\begin{aligned}
e_J^2 &= \int_{-\infty}^{\infty} |y(x) - y_J(x)|^2 \mathrm{d}x \\
&= \int_{-\infty}^{\infty} \left[\sum_k d_k (1-\xi\lambda_k^2)^J u_k(x)\right] \left[\sum_j d_j (1-\xi\lambda_j^2)^J u_j(x)\right]^* \mathrm{d}x \\
&= \sum_j \sum_k d_j^* d_k (1-\xi\lambda_k^2)^J [(1-\xi\lambda_j^2)^J]^* \int_{-\infty}^{\infty} u_k(x) u_j^*(x) \mathrm{d}x \quad (8\text{-}66) \\
&= \sum_k |d_k|^2 (1-\xi\lambda_k^2)^{2J} \\
&\leqslant (1-\xi\lambda_m^2)^{2J} \sum_k |d_k|^2
\end{aligned}
$$

式中，λ_m 是使 $(1-\xi\lambda_m^2)$ 取得最大值的本征值。因为矩阵 $\boldsymbol{LL}^{\mathrm{H}}$ 是 Hermitian 正定矩阵，且其迹为 $(\sigma N)/(\pi b)$，故有 $0 < \lambda_m^2 < (\sigma N)/(\pi b)$。结合条件 $0 < \xi < (2\pi b)/(\sigma N)$，有 $|1-\xi\lambda_m^2| < 1$。因此，e_J^2 当 J 趋于无穷时趋于零。故迭代算法式（8-58）和式（8-59）可以用来求解 $f(x)$ 的最小均方误差重构 $y(x)$。

参考文献

[1] X. G. Xia, M. Z. Nashed. A Method with Error Estimates for Band-Limited Signal Extrapolation from Inaccurate Data[J]. Inverse Problems, 1997, 13:1641-1661.

[2] M. I. Kadec. The Exact Value of the Paley-Wiener Constant[J]. Soviet Math. Dokl.,1964, 5:559-561.

[3] J. Romero, E. I. Plotkin, M. N. S. Swamy. Reproducing Kernels and the Use of Root Loci of Specific Functions in the Recovery of Signals from Nonuniform Samples[J]. Signal Process., 1996, 49:11-23.

[4] K. D. Sauer, J. P. Allenbach. Iterative Reconstruction of Bandlimited Images from Nonuniformly Spaced Samples[J]. IEEE Trans. Circuits Systems, 1987, CAS-34(12): 1497-1506.

[5] A. Papoulis. A New Algorithm in Spectral Analysis and Band-Limited Extrapolation[J]. IEEE Trans. Circuits Systems, 1975, CAS-22(9): 735-742.

第 9 章

时域和线性正则变换域最大能量聚集序列

9.1 标记法

令 $\mathcal{S} = \{S_{n,m}\}$ 表示 $(2N+1) \times \infty$ 矩阵算子

$$S_{n,m} = \begin{cases} 1, & n = m \ (-N \leqslant n, m \leqslant N) \\ 0, & \text{其他} \end{cases} \tag{9-1}$$

显然，$\mathcal{S}$ 从无限长向量中选择 $2N+1$ 个元素。此外，算子 $\mathcal{S}^{\mathrm{T}} = \mathcal{S}^{\mathrm{H}}$ 用零外推 $2N+1$ 长向量。这里上标 T 和 H 分别表示转置和共轭转置。

设 $\mathcal{I} = \{I_{n,m}\}$ 表示 $\infty \times \infty$ 矩阵算子：

$$I_{n,m} = \begin{cases} 1, & n = m \ (-\infty \leqslant n, m \leqslant \infty) \\ 0, & \text{其他} \end{cases} \tag{9-2}$$

显然，$\mathcal{I}=\mathcal{S}^\mathrm{T}\mathcal{S}$。算子 $\mathcal{I}$ 将无限长向量截断为 $2N+1$ 长，然后用零外推。使用 Slepian[1]的术语，我们将结果 $\mathcal{I}f$ 称为向量 f 的时限形式。给定有限整数 N，如果 $f(n)=0(|n|>N)$，则称 $f(n)$ 时限在集合 $\{-N,\cdots,N\}$ 内，或者简单地称序列 $f(n)$ 是 $\{-N,\cdots,N\}$ 时限的。

令 $\mathcal{L}=\{L_{n,m}\}$ 表示 $\infty\times\infty$ 矩阵算子

$$L_{n,m}=G_{(a,b,c,d)}(n,m)(n=0,\pm1,\pm2,\cdots;\ m=0,\pm1,\pm2,\cdots) \quad (9\text{-}3)$$

$G_{(a,b,c,d)}(n,m)$ 为[3,4]

$$G_{(a,b,c,d)}(n,m)=\frac{\sigma}{\pi b}\mathrm{e}^{\frac{ia}{2b}(m^2-n^2)}\frac{\sin[\sigma(n-m)/b]}{\sigma(n-m)/b} \quad (9\text{-}4)$$

不难看出，$\mathcal{L}$ 是一个 Toeplitz 矩阵，表示一个通带为 $|u|<\sigma$ 的线性正则变换域低通滤波器。我们将结果 $\mathcal{L}f$ 称为 f 的 (a,b,c,d) 带限形式。可见，算符 $\mathcal{L}$ 满足条件 $\mathcal{L}^2=\mathcal{L}$ 且 $\mathcal{L}=\mathcal{L}^\mathrm{H}$。

令 $\tilde{\mathcal{L}}=\{\tilde{\mathcal{L}}_{n,m}\}$ 表示 $(2N+1)\times(2N+1)$ 矩阵算子

$$\tilde{L}=L_{n,m}=G_{(a,b,c,d)}(n,m),\ -N\leqslant n;\ m\leqslant N \quad (9\text{-}5)$$

很明显，$\tilde{\mathcal{L}}=\mathcal{S}\mathcal{L}\mathcal{S}^\mathrm{T}$。

9.2 时限序列在线性正则变换域的最大能量聚集性

9.2.1 离散广义扁长椭球波序列（DGPSS）

定义离散广义扁长椭球波序列（DGPSS）为下列方程组的归一化解

第9章 时域和线性正则变换域最大能量聚集序列

$$\lambda_{k,(a,b,c,d),N,\sigma} v_{k,(a,b,c,d),N,\sigma}(n) = \sum_{m=-N}^{N} G_{(a,b,c,d)}(n,m) v_{k,(a,b,c,d),N,\sigma}(m) \quad (9\text{-}6)$$

$$n = \cdots, -1, 0, 1, \cdots; \quad k = 0, 1, \cdots, 2N$$

式中，下标 (a,b,c,d)、N、σ 表示特征向量 $v_{k,(a,b,c,d),N,\sigma}(n) = [\cdots v_{k,(a,b,c,d),N,\sigma}(n),\cdots]$ 和特征值 $\lambda_{k,(a,b,c,d),N,\sigma}$ 与这些参数有关。在不强调这些参数的作用时，我们将符号分别简化为 $v_k(n)$ 和 λ_k。

DGPSS 是广义扁长椭球波函数（GPSWF）的离散时间形式，GPSWF 具有许多重要的性质，在信号处理和光学领域有广泛的应用[2,5-8]。同时，DGPSS 也是离散扁长椭球波序列（DPSS）的推广，DPSS 在滤波器设计、外推、光谱分析等方面有广泛的应用[9-13]。

当 $(a,b,c,d) = (0,1,-1,0)$ 时，式（9-6）简化为

$$\xi_{k,N,\sigma} w_{k,N,\sigma}(n) = \sum_{m=-N}^{N} \frac{\sin[\sigma(n-m)]}{\pi(n-m)} w_{k,N,\sigma}(m) \quad (9\text{-}7)$$

式（9-7）的特征向量是 DPSS。对比式（9-6）和式（9-7）得，具有参数 (a,b,c,d)、N、σ 的 DGPSS $v_{k,(a,b,c,d),N,\sigma}(n)$ 和具有参数 N 和 σ/b 的 DPSS $w_{k,N,\sigma/b}(n) = [\cdots, w_{k,N,\sigma}(n), \cdots]$ 具有以下关系

$$v_{k,(a,b,c,d),N,\sigma}(n) = e^{-\frac{ia}{2b}n^2} w_{k,N,\sigma/b}(n) \quad (9\text{-}8)$$

且它们对应的特征值之间有如下关系

$$\lambda_{k,(a,b,c,d),N,\sigma} = \xi_{k,N,\sigma/b} \quad (9\text{-}9)$$

与 DPSS 的情况相同，所有的特征值 λ_k 都是正实数，我们可以对其进行如下排序

$$\lambda_0 > \lambda_1 > \cdots > \lambda_{2N} > 0 \quad (9\text{-}10)$$

利用式（9-8）、式（9-9）和 DPSS[13]的相应性质，很容易可以推导出 DGPSS 在 (a,b,c,d) 线性正则变换域上是 σ 带限的。此外，还可以得到 DGPSS 的双离散正交性。

即

$$\sum_{n=-\infty}^{\infty} v_k(n)v_l^*(n) = \delta_{k,l} \quad (9\text{-}11)$$

和

$$\sum_{n=-N}^{N} v_k(n)v_l^*(n) = \lambda_k \delta_{k,l} \quad (9\text{-}12)$$

9.2.2 DGPSS v_0 在线性正则变换域的最大能量聚集性

对于任意 $\{-N,\cdots,N\}$ 时限序列 $f(n)$，其 (a,b,c,d) 线性正则变换可表示为

$$F_{(a,b,c,d)}(u) = \sum_{n=-N}^{N} f(n) K_{(a,b,c,d)}(n,u) \quad (9\text{-}13)$$

在线性正则变换域中，其在指定区间 $[-\sigma,\sigma]$ 内的能量与其总能量的比值可表示为

$$\alpha = \frac{\int_{-\sigma}^{\sigma} \left| F_{(a,b,c,d)}(u) \right|^2 \mathrm{d}u}{E} \quad (9\text{-}14)$$

其中

$$E = \int_{-\pi b}^{\pi b} \left| F_{(a,b,c,d)}(u) \right|^2 \mathrm{d}u = \sum_{n=-N}^{N} \left| f(n) \right|^2 \quad (9\text{-}15)$$

令 C_N 表示如式（9-13）所示的信号 $F_{(a,b,c,d)}(u)$ 的集合。我们将解决以下问题。

第9章 时域和线性正则变换域最大能量聚集序列

问题：在所有信号的集合 $F_{(a,b,c,d)}(u) \in C_N$ 上求出式（9-14）中的 α 的最大值 $\alpha^{\diamond}$ 和相应的最优信号 $F_{(a,b,c,d)}^{\diamond}(u)$。

为了解决上述问题，对于每个 $F_{(a,b,c,d)}(u) \in C_N$，定义两个相关信号 $\underline{F}_{(a,b,c,d)}(u)$ 和 $\overline{F}_{(a,b,c,d)}(u)$

$$\underline{F}_{(a,b,c,d)}(u) = \begin{cases} F_{(a,b,c,d)}(u), & |u| \leq \sigma \\ 0, & \sigma < |u| \leq \pi b \end{cases} \quad (9\text{-}16)$$

信号 $\underline{F}_{(a,b,c,d)}(u)$ 具有无限展开式

$$\underline{F}_{(a,b,c,d)}(u) = \sum_{n=-\infty}^{\infty} b(n) \mathcal{K}_{(a,b,c,d)}(n,u) \quad (9\text{-}17)$$

其中，系数 $b(n)$ 为

$$b(n) = \int_{-\pi b}^{\pi b} \underline{F}_{(a,b,c,d)}(u) \mathcal{K}_{(a,b,c,d)}^{*}(n,u)\,\mathrm{d}u = \int_{-\sigma}^{\sigma} F_{(a,b,c,d)}(u) \mathcal{K}_{(a,b,c,d)}^{*}(n,u)\,\mathrm{d}u$$

$$= \sum_{m=-N}^{N} f(m) G_{(a,b,c,d)}(n,m) \quad (9\text{-}18)$$

上述第二步和最后一步分别由式（9-16）和式（9-13）得到。有了上面给出的 $b(n)$，则 $\overline{F}_{(a,b,c,d)}(u)$ 定义为

$$\overline{F}_{(a,b,c,d)}(u) = \sum_{n=-N}^{N} b(n) \mathcal{K}_{(a,b,c,d)}(n,u) \quad (9\text{-}19)$$

因此 $\underline{F}_{(a,b,c,d)}(u)$ 是通过截断 $F_{(a,b,c,d)}(u)$ 得到的，而 $\overline{F}_{(a,b,c,d)}(u)$ 是通过删除当 $|n| > N$ 时 $\underline{F}_{(a,b,c,d)}(u)$ 的 $b(n)$ 项后得到的。

显然，$\overline{F}_{(a,b,c,d)}(u)$ 属于 C_N，且其在线性正则变换域中有限频段 $[-\sigma, \sigma]$ 内的能量比为

$$\overline{\alpha} = \frac{\int_{-\sigma}^{\sigma} \left| \overline{F}_{(a,b,c,d)}(u) \right|^2 \mathrm{d}u}{\overline{E}} \quad (9\text{-}20)$$

其中

$$\overline{E} = \int_{-\pi b}^{\pi b} \left| \overline{F}_{(a,b,c,d)}(u) \right|^2 du = \sum_{n=-N}^{N} |b(n)|^2 \qquad (9\text{-}21)$$

$\overline{E}$ 是 $\overline{F}_{(a,b,c,d)}(u)$ 的总能量。

下面基于以下两个定理进行分析。

定理1：对于任意 $F_{(a,b,c,d)}(u) \in C_N (\bar{\alpha} \geqslant \alpha)$，当且仅当 $F_{(a,b,c,d)}(u)$ 满足条件 $\overline{F}_{(a,b,c,d)}(u) = \alpha F_{(a,b,c,d)}(u)$ 时，$\bar{\alpha} = \alpha$。

证明：由式（9-13）到式（9-17），以及 $\mathcal{K}_{(a,b,c,d)}(n,u)$ 的正交性，可得

$$\begin{aligned}\alpha E &= \int_{-\pi b}^{\pi b} F_{(a,b,c,d)}(u) \underline{F}^*_{(a,b,c,d)}(u) du \\ &= \sum_{n=-N}^{N} \sum_{m=-\infty}^{\infty} f(n) b^*(m) \times \int_{-\pi b}^{\pi b} \mathcal{K}_{(a,b,c,d)}(n,u) \underline{\mathcal{K}}^*_{(a,b,c,d)}(m,u) du \\ &= \sum_{n=-N}^{N} f(n) b^*(n) \end{aligned} \qquad (9\text{-}22)$$

由施瓦兹不等式，可得

$$\alpha^2 E^2 \leqslant \sum_{n=-N}^{N} |f(n)|^2 \sum_{n=-N}^{N} |b(n)|^2 = E\overline{E} \qquad (9\text{-}23)$$

同样，由式（9-17）、式（9-19）及 $\mathcal{K}_{(a,b,c,d)}(n,u)$ 的正交性，有

$$\int_{-\sigma}^{\sigma} \overline{F}_{(a,b,c,d)}(u) \underline{F}^*_{(a,b,c,d)}(u) du = \sum_{n=-N}^{N} |b(n)|^2 = \overline{E} \qquad (9\text{-}24)$$

由施瓦兹不等式，式（9-20）及 $F_{(a,b,c,d)}(u)$ 与 $\underline{F}_{(a,b,c,d)}(u)$ 之间的关系式（9-16），有

$$\left| \int_{-\sigma}^{\sigma} \overline{F}_{(a,b,c,d)}(u) \underline{F}^*_{(a,b,c,d)}(u) du \right|^2 \leqslant \int_{-\sigma}^{\sigma} \left| \overline{F}_{(a,b,c,d)}(u) \right|^2 du \int_{-\sigma}^{\sigma} \left| \underline{F}_{(a,b,c,d)}(u) \right|^2 du = \bar{\alpha} \overline{E} \alpha E \qquad (9\text{-}25)$$

第 9 章 时域和线性正则变换域最大能量聚集序列

因此

$$\overline{E} \leqslant \alpha \overline{\alpha} E \tag{9-26}$$

由式（9-23）和式（9-26），我们有 $\alpha \leqslant \overline{\alpha}$，当且仅当式（9-27）成立时 $\alpha = \overline{\alpha}$，此时 λ 是一个常数。

$$b(n) = \lambda f(n), |n| \leqslant N \tag{9-27}$$

把式（9-27）代入式（9-28），有

$$\alpha E = \lambda \sum_{n=-N}^{N} |f(n)|^2 = \lambda E \tag{9-28}$$

因此，$\alpha = \lambda$，定理 1 成立。

定理 2：最佳信号 $F_{(a,b,c,d)}^{\Diamond}(u)$ 的系数 $f(n)$ 满足下列条件

$$\sum_{m=-N}^{N} f(m) G_{(a,b,c,d)}(n,m) = \lambda f(n), \quad |n| \leqslant N \tag{9-29}$$

证明：由于 $F_{(a,b,c,d)}^{\Diamond}(u)$ 是最优的，因此信号 $\overline{F}_{(a,b,c,d)}^{\Diamond}(u)$ 的能量比 $\overline{\alpha}^{\Diamond}$ 不能超过 $F_{(a,b,c,d)}^{\Diamond}(u)$ 的能量比 $\alpha^{\Diamond}$。由定理 1，$\overline{\alpha}^{\Diamond} = \alpha^{\Diamond}$，且对于 $F_{(a,b,c,d)}^{\Diamond}(u)$ 的系数 $f(n)$ 和 $\overline{F}_{(a,b,c,d)}^{\Diamond}(u)$ 的系数 $b(n)$，式（9-27）成立。将式（9-18）代入式（9-27），可得到式（9-29）。综上，定理 2 成立。

对比式（9-5）和式（9-29）可得，$\tilde{\mathcal{L}}$ 是表征系统式（9-29）的矩阵。显然，$\tilde{\mathcal{L}}$ 是一个 Hermitian 矩阵。此外，对于任意非零向量 $\boldsymbol{x} = [\cdots, x(m), \cdots]^T$，有

$$\begin{aligned} \boldsymbol{x}^H \tilde{\mathcal{L}} \boldsymbol{x} &= \sum_{m=-N}^{N} x^*(m) \sum_{n=-N}^{N} G_{(a,b,c,d)}(m,n) x(n) \\ &= \int_{-\infty}^{\infty} \left| \sum_{n=-N}^{N} x(n) G_{(a,b,c,d)}(t,n) \right|^2 \mathrm{d}t > 0 \end{aligned} \tag{9-30}$$

式（9-30）第二步可由下面公式得到

$$G_{a,b,c,d}(m,n) = \int_{-\infty}^{\infty} G_{(a,b,c,d)}(t,n) G^*_{(a,b,c,d)}(t,m) \mathrm{d}t \qquad (9\text{-}31)$$

因此，$\mathcal{L}$ 是一个具有 $2N+1$ 个正特征值的 Hermitian 正定矩阵，即

$$\lambda_0 > \lambda_1 > \cdots > \lambda_{2N} > 0 \qquad (9\text{-}32)$$

每个特征值 λ_k，对应一个特征向量 $\boldsymbol{p}_k(n) = [p_k(-N), \cdots, p_k(0), \cdots, p_k(N)]$，且满足 $\sum_{n=-N}^{N} |p_k(n)|^2 = \lambda_k$。$\boldsymbol{p}_k(n)$ 的元素就是 DGPSS $\boldsymbol{v}_k$ 的第 $2N+1$ 个元素 $\mathcal{S}\boldsymbol{v}_k$。因此，定理 2 表明，最优信号的系数必须是 $\mathcal{S}\boldsymbol{v}_k$，$k \in \{0, 1, \cdots, 2N\}$。

现在讨论最佳信号和其最大能量聚集度，即式（9-14）中 α 的最大值。将 $\mathcal{S}\boldsymbol{v}_k$ 的分量代入式（9-13），得到 C_N 中的 $2N+1$ 个信号

$$\psi_k(u) = \sum_{n=-N}^{N} v_k(n) \mathcal{K}_{(a,b,c,d)}(n,u) \qquad (9\text{-}33)$$

根据 DGPSS 的定义式（9-6），v_k 的元素 $v_k(n)$ 满足

$$b_k(n) = \lambda_k v_k(n) \qquad (9\text{-}34)$$

其中

$$b_k(n) = \sum_{m=-N}^{N} v_k(m) G_{(a,b,c,d)}(n,m) \qquad (9\text{-}35)$$

$\psi_k(u)$ 的能量比 α_k 为

$$\alpha_k = \frac{\int_{-\sigma}^{\sigma} |\psi_k(u)|^2 \mathrm{d}u}{\int_{-\pi b}^{\pi b} |\psi_k(u)|^2 \mathrm{d}u} = \frac{\sum_{n=-N}^{N} v_k(n) b_k^*(n)}{\sum_{n=-N}^{N} |v_k(n)|^2} = \lambda_k \qquad (9\text{-}36)$$

此外，由定理 1 可得

$$\overline{\psi}_k(u) = \lambda_k \psi_k(u) \tag{9-37}$$

对于每个 $\psi_k(u)$，可得其截断形式 $\underline{\psi}_k(u)$，展开系数 $b_k(n)$ 如下

$$b_k(n) = \begin{cases} \lambda_k v_k(n), |n| \leq N \\ \sum_{m=-N}^{N} v_k(m) G_{(a,b,c,d)}(n,m), \text{其他} \end{cases} \tag{9-38}$$

由定理 2 可知，对于某个 k 值，最佳信号 $F_{(a,b,c,d)}^{\diamond}(u) = \psi_k(u)$，因此 $F_{(a,b,c,d)}^{\diamond}(u) = \psi_0(u)$，且其最大能量聚集度 $\alpha^{\diamond}$ 等于最大特征值 λ_0。

综上：DGPSS 的 $\{-N, \cdots, N\}$ 时限形式 $\mathcal{I}v_0(n)$ 在线性正则变换域中具有最大能量聚集性，其最大能量聚集度是其对应的本征值 λ_0。

9.3 线性正则变换域带限序列在时域的最大能量聚集性

9.3.1 离散广义扁长椭球波函数（DGPSWF）

利用连续情形的术语，我们称式（9-33）中给出的信号 $\psi_k(u)$ 为离散广义扁长椭球波函数（DGPSWF）。由 DGPSS $v_k(n)$ 的正交性和 $\mathcal{K}_{(a,b,c,d)}(n,u)$ 的正交性，有

$$\int_{-\pi b}^{\pi b}\psi_k(u)\psi_l^*(u)\mathrm{d}u = \sum_{n=-N}^{N} v_k(n)v_l^*(n) = \lambda_k \delta_{k,l} \tag{9-39}$$

和

$$\begin{aligned}\int_{-\sigma}^{\sigma}\psi_k(u)\psi_l^*(u)\mathrm{d}u &= \int_{-\pi b}^{\pi b}\psi_k(u)\psi_l^*(u)\mathrm{d}u \\ &= \lambda_l \sum_{n=-N}^{N} v_k(n)v_l^*(n) \\ &= \lambda_k^2 \delta_{k,l}\end{aligned} \tag{9-40}$$

即 DGPSWF $\psi_k(u)$ 在 $[-\pi b, \pi b]$ 和 $[-\sigma, \sigma]$ 上双正交。DGPSWF 的双正交性表明，$\psi_k(u)$ 的总能量为 λ_k，其在 $[-\sigma, \sigma]$ 中的能量为 λ_k^2。这说明特征值 λ_k 是 DGPSWF $\psi_k(u)$ 在 $[-\sigma, \sigma]$ 上的能量聚集度，故其值小于 1。

另外，设

$$\begin{aligned}Q_{(a,b,c,d)}(u,w) &= \sum_{m=-N}^{N} \mathcal{K}_{(a,b,c,d)}(m,w)\mathcal{K}_{(a,b,c,d)}^*(m,u) \\ &= \frac{1}{2\pi b}\mathrm{e}^{\frac{id}{2b}(w^2-u^2)}\frac{\sin[(u-w)(2N+1)/(2b)]}{\sin[(u-w)/(2b)]}\end{aligned} \tag{9-41}$$

明显有

$$Q_{(a,b,c,d)}^*(u,w) = Q_{(a,b,c,d)}(w,u) \tag{9-42}$$

对于任何信号 $F_{(a,b,c,d)}(u) \in C_N$，有

第9章 时域和线性正则变换域最大能量聚集序列

$$\int_{-\pi b}^{\pi b} F_{(a,b,c,d)}(u) Q_{(a,b,c,d)}(u,w) \mathrm{d}u$$

$$= \sum_{n=-N}^{N} \sum_{m=-N}^{N} f(n) \mathcal{K}_{(a,b,c,d)}(m,w) \times \int_{-\pi b}^{\pi b} \mathcal{K}_{(a,b,c,d)}(n,u) \mathcal{K}_{(a,b,c,d)}^{*}(m,u) \mathrm{d}u \qquad (9\text{-}43)$$

$$= \sum_{n=-N}^{N} f(n) \mathcal{K}_{(a,b,c,d)}(n,w)$$

$$= F_{(a,b,c,d)}(w)$$

由于 DGPSWF $\psi_k(u) \in C_N$,因此

$$\int_{-\pi b}^{\pi b} \psi_k(u) Q_{(a,b,c,d)}(u,w) \mathrm{d}u = \psi_k(w) \qquad (9\text{-}44)$$

另外,也可以计算出

$$\int_{-\sigma}^{\sigma} \psi_k(u) Q_{(a,b,c,d)}(u,w) \mathrm{d}u = \int_{-\pi b}^{\pi b} \underline{\psi}_k(u) Q_{(a,b,c,d)}(u,w) \mathrm{d}u$$

$$= \sum_{n=-N}^{N} b_k(n) \mathcal{K}_{(a,b,c,d)}(n,w) \qquad (9\text{-}45)$$

$$= \overline{\psi}_k(w)$$

因此,DGPSWF $\psi_k(u)$ 满足下列积分方程

$$\int_{-\sigma}^{\sigma} \psi_k(u) Q_{(a,b,c,d)}(u,w) \mathrm{d}u = \lambda_k \psi_k(w) \qquad (9\text{-}46)$$

注意,式(9-46)中的积分核是退化的,所以积分式(9-46)只有 $2N+1$ 个不同的特征值。如上所述,这些特征值也是式(9-6)和式(9-29)的特征值。因此,DGPSWF 及其相应的特征值也可以定义为式(9-46)的解。为了使 DGPSWF 唯一并与上述讨论相一致,当将 DGPSWF 定义为式(9-46)的解时,我们可以将条件式(9-39)限制在 DGPSWF 上。

特别地，当 $(a,b,c,d)=(0,1,-1,0)$ 时，且当忽略一个常量时，DGPSWF 即为文献[1]中的 DPSWF。也就是说，DGPSWF 将基于傅里叶变换的 DPSWF 推广到了线性正则变换域。

9.3.2 DGPSS 和 DGPSWF 之间的关系

DGPSS $v_k(n)$ 的 (a,b,c,d) 线性正则变换可计算为

$$V_{k,(a,b,c,d)}(u)=\sum_{n=-\infty}^{\infty}v_k(n)\mathcal{K}_{(a,b,c,d)}(n,u) \qquad (9\text{-}47)$$

式（9-47）两端同时乘以 λ_k，可计算得

$$\lambda_k V_{k,(a,b,c,d)}(u)=\sum_{n=-\infty}^{\infty}\lambda_k v_k(n)\mathcal{K}_{(a,b,c,d)}(n,u)=\underline{\psi}_k(u) \qquad (9\text{-}48)$$

因此，DGPSWF 和 DGPSS 之间的第一种关系为

$$v_k(n)=\frac{1}{\lambda_k}\int_{-\sigma}^{\sigma}\psi_k(u)\mathcal{K}_{(a,b,c,d)}^*(n,u)\mathrm{d}u \qquad (9\text{-}49)$$

其中，$n=\cdots,-1,0,1,\cdots$。进一步计算可得

$$\sum_{n=-N}^{N}v_k(n)\mathcal{K}_{(a,b,c,d)}(n,w)=\frac{1}{\lambda_k}\int_{-\sigma}^{\sigma}\psi_k(u)Q(u,w)\mathrm{d}u=\psi_k(w) \qquad (9\text{-}50)$$

式（9-50）两端同时乘以 $\mathcal{K}_{(a,b,c,d)}^*(m,w)$，并在 $[-\pi b,\pi b]$ 上积分，可以得到 DGPSWF 和 DGPSS 之间的第二种关系

$$v_k(n)=\int_{-\pi b}^{\pi b}\psi_k(u)\mathcal{K}_{(a,b,c,d)}^*(n,u)\mathrm{d}u, \quad n=-N,\cdots,N \qquad (9\text{-}51)$$

这说明 DGPSWF $\psi_k(u)$ 是 DGPSS v_k 的 $\{-N,\cdots,N\}$ 时限形式 $\mathcal{I}v_k$ 的线性正则变换。

9.3.3 DGPSS v_0 在时域的最大能量聚集度

本节讨论 (a,b,c,d) 带限序列在时域的能量聚集度问题，即确定一个 (a,b,c,d) 带限序列 $f(n)$，使得其能量比 β 最大。

$$\beta = \frac{\sum_{n=-N}^{N}|f(n)|^2}{\sum_{n=-\infty}^{\infty}|f(n)|^2} \qquad (9\text{-}52)$$

由逆线性正则变换的定义，有

$$\begin{aligned}\beta &= \frac{\sum_{n=-N}^{N}\left|\int_{-\sigma}^{\sigma}F_{(a,b,c,d)}(u)K_{(a,b,c,d)}^{*}(n,u)\mathrm{d}u\right|^2}{\int_{-\sigma}^{\sigma}\left|F_{(a,b,c,d)}(u)\right|^2\mathrm{d}u} \\ &= \frac{\int_{-\sigma}^{\sigma}\int_{-\sigma}^{\sigma}F_{(a,b,c,d)}^{*}(w)F_{(a,b,c,d)}(u)\,Q_{(a,b,c,d)}(u,w)\mathrm{d}u\mathrm{d}w}{\int_{-\sigma}^{\sigma}\left|F_{(a,b,c,d)}(u)\right|^2\mathrm{d}u}\end{aligned} \qquad (9\text{-}53)$$

式（9-53）表明，当 $F_{(a,b,c,d)}(u)$ 满足式（9-46）时，β 是平稳的，且当式（9-54）成立时，β 取得最大值 λ_0。

$$F_{(a,b,c,d)}(u) = \psi_0(u), \ |u| \leqslant \pi b \qquad (9\text{-}54)$$

由 DGPSWF 和 DGPSS 之间的关系式（9-49）可知，具有最大能量聚集度的 (a,b,c,d) 带限序列 $f(n)=\lambda_0 v_0(n)$。

综上，在所有 (a,b,c,d) 线性正则变换域 σ 带限的序列中，DGPSS $v_0(n)$ 在有限指标集 $\{-N,\cdots,N\}$ 上具有最大能量聚集度，且最大能量聚集度为其对应的本征值 λ_0。

9.3.4 仿真分析

取 $(a,b,c,d) = (0.8, 2/\pi, 1, (2/\pi+1)/0.8)$、$N=5$ 和 $\sigma = 5$，图9-1 和图9-2 分别给出了前 6 个 DGPSS $v_k(n)$ 的 $\{-5,\cdots,5\}$ 截断形式 $\mathcal{S}v_k(n)$ 及相应的 DGPSWF $\psi_k(u)$，实心方格和空心方格分别代表实部和虚部。可见，当 k 是偶数（奇数）时，DGPSWF $\psi_k(u)$ 是偶函数（奇函数）。实际上，由 DGPSWF 与 DPSWF 之间的关系和 DPSWF 的相应性质，可以导出 DGPSWF 的性质：$\psi_k(u) = (-1)^k \psi_k(-u)$。图 9-3 给出了前 4 个 DGPSWF $\psi_k(u)$ 的模，可见 DGPSWF $\psi_0(u)$ 在 $[-0.5, 0.5]$ 上具有最大能量聚集度。此外，我们还计算了在 $[-0.5, 0.5]$ 中表示 $\psi_k(u)(k=0,1,2,3)$ 的模的曲线下方区域的面积，发现其值等于相应特征值的平方，即 $\lambda_0^2 = 0.998072440714921^2$、$\lambda_1^2 = 0.947622887439915^2$、$\lambda_2^2 = 0.625130661546606^2$、$\lambda_3^2 = 0.163824809195696^2$。考虑到 DGPSWF $\psi_k(u)$ 的总能量为 λ_k，此结果验证了特征值是能量聚集度的理论结果。

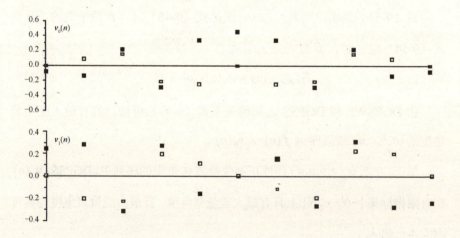

图9-1 当参数 $(a,b,c,d) = (0.8, 2/\pi, 1, (2/\pi+1)/0.8)$、$N=5$ 和 $\sigma = 5$ 时，前 6 个 DGPSS 的 $\{-5,\cdots,5\}$ 截断形式

第9章 时域和线性正则变换域最大能量聚集序列

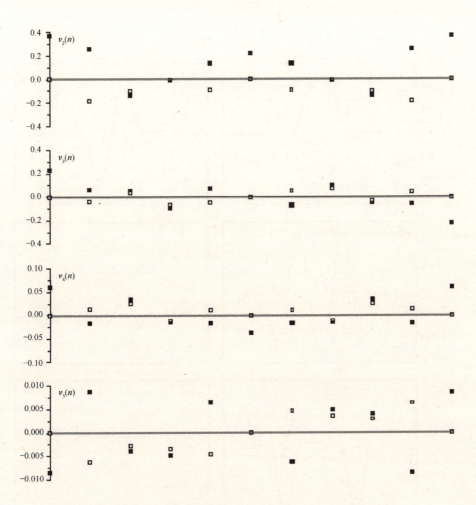

图 9-1 当参数 $(a,b,c,d) = (0.8, 2/\pi, 1, (2/\pi+1)/0.8)$、$N=5$ 和 $\sigma=5$ 时，前 6 个 DGPSS 的 $\{-5,\cdots,5\}$ 截断形式（续）

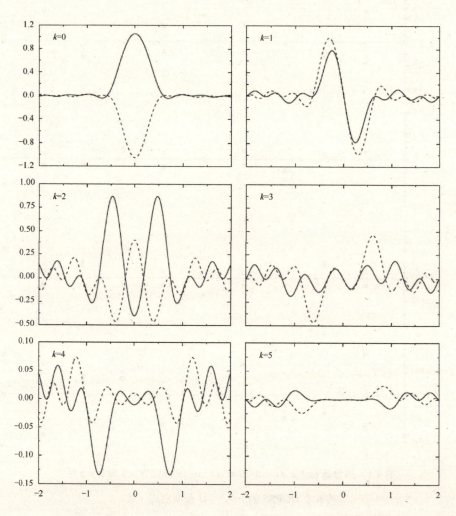

图 9-2 当参数 $(a,b,c,d) = (0.8, 2/\pi, 1, (2/\pi+1)/0.8)$、$N=5$ 和 $\sigma=5$ 时，前 6 个 DGPSWF $\psi_k(u)$

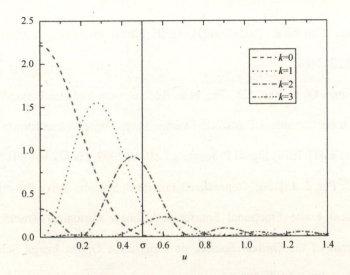

图 9-3 当参数 $(a,b,c,d) = (0.8, 2/\pi, 1, (2/\pi+1)/0.8)$,$N$=5 和 $\sigma=5$ 时,前 4 个 DGPSWF $\psi_k(u)$ 的模

参考文献

[1] D. Slepian. Prolate Spheroidal Wave Functions, Fourier Analysis, and Uncertainty-V: The Discrete Case[J]. Bell System Technical Journal, 2014, 57(5):1371-1430.

[2] H. Zhao, Q. W. Ran, J. Ma, et al. Generalized Prolate Spheroidal Wave Functions Associated with Linear Canonical Transform[J]. IEEE Transactions on Signal Processing, 2010, 58(6):3032-3041.

[3] H. Zhao, Q. W. Ran, J. Ma, et al. On Bandlimited Signals Associated with

Linear Canonical Transform[J]. IEEE Signal Processing Letters, 2009, 16(5):343-345.

[4] H. Zhao, Q. W. Ran, L.Y. Tan, et al. Reconstruction of Bandlimited Signals in Linear Canonical Transform Domain From Finite Nonuniformly Spaced Samples[J]. IEEE Signal Processing Letters, 2009, 16(12):1047-1050.

[5] S. C. Pei, J. J. Ding. Generalized Prolate Spheroidal Wave Functions for Optical Finite Fractional Fourier and Linear Canonical Transforms[J]. Journal of the Optical Society of America A Optics Image Science & Vision, 2005, 22(3):460-74.

[6] S. Senay, L. F. Chaparro, L. Durak. Reconstruction of Nonuniformly Sampled Time-limited Signals Using Prolate Spheroidal Wave Functions[J]. Signal Processing, 2009, 89(12):2585-2595.

[7] A. I. Zayed. A Generalization of the Prolate Spheroidal Wave Functions[J]. Proceedings of the American Mathematical Society, 2007, 135(7): 2193-2203.

[8] K. Khare, N. George. Sampling Theory Approach to Prolate Spheroidal Wave Functions[J]. Journal of Physics A General Physics, 2003, 36(39):10011.

[9] D. J. Thomson. Spectrum Estimation and Harmonic Analysis[J]. Proceedings of the IEEE, 2005, 70(9):1055-1096.

[10] J. D. Mathews, J. K. Breakall, G. K. Karawas. The Discrete Prolate Spheroidal Filter as a Digital Signal Processing Tool[J]. IEEE Transactions

on Acoustics Speech and Signal Processing, 1986, 33(6):1471-1478.

[11] A. Papoulis, M. Bertran. Digital Filtering and Prolate Functions[J]. IEEE Transactions on Circuit Theory, 1972, 19(6):674-681.

[12] S. He, J. K. Tugnait. On Doubly Selective Channel Estimation Using Superimposed Training and Discrete Prolate Spheroidal Sequences[J]. IEEE Transactions on Signal Processing, 2008, 56(7):3214-3228.

[13] W. Xu, C. Chamzas. On the Extrapolation of Band-Limited Functions with Energy Constraints[J]. IEEE Transactions on Acoustics Speech and Signal Processing, 1983, 31(5):1222-1234.

反侵权盗版声明

电子工业出版社依法对本作品享有专有出版权。任何未经权利人书面许可，复制、销售或通过信息网络传播本作品的行为；歪曲、篡改、剽窃本作品的行为，均违反《中华人民共和国著作权法》，其行为人应承担相应的民事责任和行政责任，构成犯罪的，将被依法追究刑事责任。

为了维护市场秩序，保护权利人的合法权益，我社将依法查处和打击侵权盗版的单位和个人。欢迎社会各界人士积极举报侵权盗版行为，本社将奖励举报有功人员，并保证举报人的信息不被泄露。

举报电话：（010）88254396；（010）88258888
传　　真：（010）88254397
E-mail：　dbqq@phei.com.cn
通信地址：北京市万寿路 173 信箱
　　　　　电子工业出版社总编办公室
邮　　编：100036